Gbasinghan Erick

Avaliação da recolha/comercialização da pervinca no bem-estar das mulheres

Gbasinghan Erick

Avaliação da recolha/comercialização da pervinca no bem-estar das mulheres

ScienciaScripts

Imprint

Cover image: www.ingimage.com

This book is a translation from the original published under ISBN 978-620-7-99738-1.

Publisher:
Sciencia Scripts
is a trademark of
Dodo Books Indian Ocean Ltd. and OmniScriptum S.R.L publishing group

120 High Road, East Finchley, London, N2 9ED, United Kingdom
Str. Armeneasca 28/1, office 1, Chisinau MD-2012, Republic of Moldova, Europe
Printed at: see last page
ISBN: 978-620-8-05653-7

RESUMO

O estudo investigou o efeito da recolha e comercialização da pervinca no bem-estar das mulheres na área da administração local de Ogbia, Estado de Bayelsa. Cinco (5) questões de investigação e duas (2) hipóteses orientaram o estudo. Foi aplicado ao estudo um modelo de investigação descritiva. Os objectivos do estudo eram descrever as caraterísticas socioeconómicas dos inquiridos na área de estudo; identificar áreas de recolha e comercialização de pervinca; examinar o efeito socioeconómico da recolha e comercialização de pervinca nas mulheres; determinar o efeito da recolha e comercialização de pervinca no bem-estar das mulheres; e identificar os constrangimentos enfrentados pelas mulheres na recolha e comercialização de pervinca na área de estudo. A população do estudo era constituída por todas as 302 mulheres das seis (6) sociedades cooperativas registadas em Ogbia, no Estado de Bayelsa. Foi utilizado um processo de amostragem em duas fases, que incluiu uma amostragem intencional e uma amostragem aleatória simples proporcional de 50% para selecionar 150 inquiridos. Para a recolha de dados para o estudo, foi utilizado um instrumento auto-estruturado intitulado Effect of Periwinkle Gathering and Marketing on Women Well-being Questionnaire (EPGMOWWQ). O instrumento foi validado pelo supervisor da investigação para avaliação crítica utilizando a validade facial e de conteúdo. Foi utilizado o método estatístico de fiabilidade Alfa de Cronbach com um coeficiente de fiabilidade (r) superior a 0,5 para confirmar a fiabilidade do instrumento. Os dados descritivos incluem a média, a frequência e a percentagem das tabelas, etc., enquanto as hipóteses foram analisadas utilizando estatísticas inferenciais, como a regressão linear simples e o teste t emparelhado, para testar as hipóteses a um nível alfa de significância de 0,05. A partir dos resultados, a média de idade dos inquiridos foi de 40 anos. A média da dimensão do agregado familiar dos inquiridos foi de 5. A média do rendimento líquido mensal dos inquiridos foi de 60 500. Relativamente às áreas de recolha e comercialização da pervinca, os resultados revelaram que 86,6% vendem a carne de pervinca retirada aos consumidores, enquanto 61,9 vendem as cascas de pervinca aos trabalhadores da construção civil. Quanto ao efeito socioeconómico da colheita e comercialização da pervinca nas mulheres, os resultados revelaram que os inquiridos do estudo aceitaram que a fonte de rendimento/fonte de subsistência (87,6%), enquanto a ajuda a aliviar as dores e as recordações (42,1%) foram o efeito socioeconómico da colheita e comercialização da pervinca nas mulheres. O estudo revelou que o efeito da recolha e comercialização da pervinca no bem-estar das mulheres mostra que as mulheres têm efectuado o pagamento de despesas médicas (51,0%). O resultado mostra que os constrangimentos encontrados pelas mulheres na recolha e comercialização da pervinca foram a falta de acesso a financiamento (Média=3,41, DP=0,83), enquanto a mão de obra qualificada inadequada (Média=3,14, DP=0,82). O estudo concluiu que a apanha e a comercialização da pervinca tiveram um efeito positivo no bem-estar das mulheres na Área de Governo Local de Ogbia do Estado de Bayelsa, uma vez que envolve numerosas actividades, desde a venda da carne de pervinca removida aos consumidores até à venda da pervinca com casca aos consumidores, passando pela compra aos colhedores e aos retalhistas (aqueles que removem as cascas), pela apanha da pervinca no mangal e pela venda das cascas de pervinca aos construtores. O estudo recomenda que as mulheres que não têm emprego remunerado identifiquem uma das áreas de colheita e comercialização da pervinca para amortecer o efeito do desemprego e satisfazer as necessidades económicas. Além disso, o Governo deve também tornar as áreas onde as pervincas são recolhidas facilmente acessíveis e construir locais de mercado onde possam ser facilmente comercializadas. O Governo deve também analisar os desafios enfrentados pelas mulheres na recolha e comercialização da pervinca na área de estudo.

AGRADECIMENTOS

Desejo expressar a minha profunda gratidão e apreço aos meus supervisores e HOD, Prof. C. O. Elenwa e ao meu segundo supervisor, Prof. F. E Nlerum, por terem lido meticulosamente este trabalho inúmeras vezes e pelo seu encorajamento e críticas construtivas durante a realização deste trabalho.

Agradeço especialmente ao Prof. B. I. Isife e a todos os professores do departamento, pelas vossas contribuições, conselhos profissionais e encorajamentos. A todo o pessoal não académico do departamento, agradeço o vosso amor e encorajamento.

Continuo grato e agradecido ao meu padrinho, o Sr. Justice R. Ajuwa, pela sua ajuda e grande demonstração de amor durante a realização deste trabalho, à minha preciosa mãe, a Sra. H. A Ajuwa, que me apoiou durante todo o processo de realização desta investigação, que Deus continue a abençoá-la, ao meu querido pai, o Sr. F. K Gbasinghan e aos meus irmãos, Franca, Benedict, Esther e a Sra. Pere-ere Alfred. Quero também agradecer aos meus amigos, Sr. Alao Opeyemi, Sr. Yougha Denyefa, Sr. Fatuki Anthony e aos meus colegas do meu local de trabalho, Barr. Samuel Ekpela, Barr. Tari Ojujoh, Barr. Gladys Onyengi, Sr. Bernard Philip, Sr. Simeon Dielagha, Monday Michael, Sr. Sunny Osakwe, Sr. Collins Itoru pelas suas orações e cooperação unânime.

Por último, gostaria de agradecer à Sra. Chimenem Ephraim pela sua ajuda neste trabalho.

Deus vos abençoe imensamente.

DEDICAÇÃO

Este trabalho é dedicado a Deus Todo-Poderoso, pela Sua graça e misericórdia sustentadoras e a todas as pervincas que se reúnem em Ogbia LGA do Estado de Bayelsa.

Índice

CAPÍTULO 1 : INTRODUÇÃO

1.1 Antecedentes do estudo

A pervinca, em zoologia, é um pequeno caracol marinho pertencente à família *Littorinidae (*classe *Gastropoda, filo Mollusca).* As caramujos são caracóis costeiros (litorais) amplamente distribuídos, principalmente herbívoros, geralmente encontrados em rochas, pedras ou estacas entre as marcas de maré alta e baixa; alguns são encontrados em lodaçais, e algumas formas tropicais são encontradas nas raízes de sustentação ou árvores de mangue. Existem cerca de 80 espécies no mundo, das quais 10 são conhecidas do Atlântico ocidental (Egonmwan & Odiete, 2013). As pervincas são moluscos de corpo mole que se encontram principalmente nas regiões salobras e costeiras do mar. São gastrópodes do *filo Mollusca.* Encontram-se em lagoas, estuários, mangais e pântanos na Nigéria. Os dois géneros comuns na Nigéria são *Tympanotosusfuscatus* e *Pachymelaniaaurita* (Job & Ekanem, 2010; Bob-Manuel, 2012). A pervinca serve de alimento na maioria dos lares nigerianos, tornando-se um ingrediente essencial na preparação de várias iguarias, especialmente entre as pessoas das zonas costeiras onde se encontra (Bob-Manuel, 2012). São utilizadas para cozinhar iguarias como a sopa de pervinca, a sopa nativa, a sopa de pescador, a sopa afang, a ekpangnkukwo, a ofensala, a sopa de quiabo, etc. Pode ser cozinhado com ou sem casca. Quando cozinhado com a casca, a boca extrai a carne da casca. A carne também pode ser retirada da casca com um palito, uma agulha ou um prego. As duas espécies são morfologicamente diferentes (Ekop, 2019).

A pervinca comum, *Littorina littorea*, é a maior, mais comum e mais difundida das espécies do norte. Pode atingir um comprimento de 4 centímetros (1½ polegadas), é geralmente cinzenta escura e tem uma concha sólida em espiral (turbinada) que resiste facilmente ao bater das ondas (Bob-Manuel, 2012). A pervinca comum foi introduzida na América do Norte em Halifax, Nova Escócia, por volta de 1857 e espalhou-se até ao sul de Maryland. É muito comum nas costas rochosas da Nova Inglaterra e também ocorre em fundos lodosos pouco profundos, ao longo das margens dos estuários das marés e entre as raízes e as folhas da erva dos pântanos, onde a água é apenas moderadamente salgada (Job & Ekanem, 2020). Os hábitos de reprodução das pervincas são muito variáveis. *A Littorina saxatilis,* que vive no alto das rochas e está muitas vezes fora de água durante longos períodos de tempo, mantém os seus embriões num saco de criação até os jovens estarem completamente desenvolvidos, altura em que emergem como pequenas réplicas rastejantes do adulto. *A Littorea* liberta os seus embriões em caixas de ovos transparentes, em forma de pires, que acabam por libertar larvas veliger. Outras espécies depositam os seus embriões com massas de ovos gelatinosas em rochas e outros substratos duros (Dahunsi, 2003).

As pervincas são moluscos gastrópodes univalves prosobrânquios salobros que pertencem à superfamília *Cerithiodea.* Esta super família é caracterizada por gastrópodes que possuem uma concha granular e espinhosa com uma extremidade afunilada. Os caramujos são pequenos animais marinhos endémicos da Nigéria e de África e encontram-se principalmente nos lodaçais de maré dos ecossistemas estuarinos, como parte da fauna da comunidade dos mangais (Elenwa & Allen, 2021). A superfamília *Cerithiodea* é constituída por duas famílias *Potamididae* e *Melanidae.* A família *Potamididae* é representada por dois géneros, Tympanotonusfuscatus e Pychymelaniaaurita. (Microbial Diversity & Nutritional, 2012).

O marisco é qualquer forma de vida marinha considerada como alimento pelos seres humanos. Inclui, nomeadamente, os mariscos e as ovas. Os mariscos incluem várias espécies de *moluscos,* crustáceos e equinodermes. Na maior parte do mundo, os peixes não são geralmente considerados marisco, mesmo que sejam provenientes do mar. Nos Estados Unidos, o termo "marisco" é alargado aos organismos de água doce consumidos pelos seres humanos, pelo que qualquer vida aquática comestível pode ser amplamente referida como marisco nos EUA. Historicamente, os mamíferos marinhos, como as baleias e os golfinhos, têm sido consumidos como alimento, embora isso aconteça em menor grau nos tempos modernos.

As plantas marinhas comestíveis, como algumas algas e microalgas, são amplamente consumidas como marisco em todo o mundo, especialmente na Ásia. A apanha de marisco selvagem é geralmente conhecida como pesca ou caça, enquanto a criação de marisco é conhecida como aquacultura e piscicultura (no caso dos peixes) (Robert, Frank, Scott & Edward 2020). A maior parte da colheita de marisco é consumida pelos seres humanos, mas uma proporção significativa é utilizada como alimento para peixes na criação de outros peixes ou na criação de animais de criação. Alguns mariscos (por exemplo, as algas) são utilizados como alimento para outras plantas (um fertilizante). Desta forma, os mariscos são utilizados para produzir mais alimentos para consumo humano. Além disso, produtos como o óleo de peixe, os comprimidos de spirulina, o colagénio de peixe e a quitina são fabricados a partir de produtos do mar. Alguns mariscos são dados a peixes de aquário ou utilizados para alimentar animais domésticos, como os gatos. Uma pequena proporção é utilizada em medicina ou é utilizada industrialmente para fins não alimentares (por exemplo, couro) (Ogamba, Izah & Omonibo 2016).

A importância económica das pervincas não pode ser subestimada, pelo que se torna um produto comercial muito lucrativo. As pessoas recolhem e vendem caramujos e vendem-nos como meio de subsistência comercial. Assim, a caramujo, *Tympanotonusfuscatus*, é um dos produtos da pesca comuns nas zonas costeiras da Nigéria, sobretudo no Estado de Bayelsa. Encontram-se na zona entre-marés de água salobra, riachos, estuários e lagoas na zona do Delta do Níger (Adebayo-Tayo et al., 2006). É de importância económica, uma vez que serve de fonte de proteínas para muitos nigerianos. Também serve como fonte de rendimento para os colectores/colectores e comerciantes, formando assim uma indústria importante em toda a região do Delta do Níger do país (Egonmwan, 2007). Além disso, as conchas destas pervincas são utilizadas em vez de cascalho na indústria da construção, como artes decorativas e na produção de alimentos para animais (Oyenekan, 2017).

No Estado de Bayelsa, são comuns duas variedades de pervinca, *T. fusatus var fusatus* e *Tympanotonusfuscatus var radula. A T. fusatus var fuscatis* distingue-se da outra variedade pelas suas conchas granulares e espinhosas com torres. São colhidos no pântano durante a maré baixa e vendidos a retalho por comerciantes que retiram a carne das conchas para venda (Powel et al., 2015). Apesar da importância desta espécie, a oferta está a esgotar-se gradualmente de dia para dia. Um meio seguro de resolver a lacuna entre a oferta e a procura consiste em iniciar a cultura desta espécie. Há muitas pessoas que dependem da apanha da pervinca como meio de subsistência. O padrão de medida da pervinca é a chávena, os baldes de creme e os sacos de semovita. É muito possível ver uma família a retirar e a vender até 10 baldes de pervinca por dia. Isto está, sem dúvida, a afetar a vida das pessoas, especialmente dos cidadãos com baixos rendimentos.

A maior parte das pessoas que se dedicam à recolha e venda deste produto não têm formação superior e não dispõem de um certificado para se candidatarem a um emprego, nem de capital para iniciar um novo negócio. Por isso, tendem a depender deste produto. A comercialização do principal tem três aspectos: os comerciantes de colheita (são as pessoas que vão ao mangal para colher as pervincas ou as criam artificialmente para vender), os vendedores (aqueles que compram aos colhedores, processam o produto e o vendem ao consumidor), por vezes, os colhedores também são os vendedores do mercado. O último aspeto são os vendedores da casca de pervinca; qualquer um dos vendedores pode ser o vendedor da casca de pervinca, mas mais a pessoa que a transformou antes de vender o produto (Elenwa & Allen, 2021).

Além disso, estas pessoas têm conseguido utilizar este negócio para se sustentarem a si próprias, bem como para formar os seus filhos na escola. Além disso, a maioria dos comerciantes observados são mulheres adultas e crianças. Tendo em conta o valor económico que a apanha da pervinca cria na vida das pessoas, o governo tem de criar políticas ambientais e implementações para proteger este produto da degradação ambiental e da biodiversidade, bem como para promover e orientar os meios de subsistência destes indivíduos. Além disso, o governo precisa de desenvolver actividades de cultivo para aumentar a abundância do marisco. É neste contexto que o estudo procura avaliar de que forma a apanha e a comercialização da pervinca afectaram o bem-estar das mulheres na área governamental local de Ogbia, no Estado de Bayelsa.

1.2 Declaração do problema

A apanha e a comercialização da pervinca têm servido como fonte de subsistência e afetado a vida de muitas pessoas na região do Delta do Níger, especialmente no Estado de Bayelsa. Há muitos agregados familiares cujas principais fontes de rendimento dependem da colheita e comercialização da pervinca, especialmente os que têm baixos rendimentos, educação e baixo estatuto socioeconómico. Há grupos de pessoas que procuram outros meios de subsistência, uma vez que não possuem as competências básicas, os conhecimentos ou os diplomas que lhes permitam competir com outros na sociedade. Este conjunto de pessoas recorre antes à recolha e venda de produtos do mar, como a pervinca. No mercado, a pervinca é popularmente conhecida como Isam. O negócio do Isam é um dos negócios que são procurados numa base regular e diária. O valor nutricional da pervinca faz com que seja procurada por muitas famílias que a utilizam para preparar refeições, especialmente guisados e sopas de diferentes tipos.

Infelizmente, há muitos factores que afectam a reprodução e a multiplicidade desta espécie de marisco. A poluição ambiental afectou muito a pervinca. Estes factores ambientais ou poluição incluem o derrame de petróleo que conduz à perda de biodiversidade. A poluição ambiental é a alteração desfavorável do meio que nos rodeia, total ou largamente resultante da ação do homem, através dos efeitos diretos ou indirectos das alterações do padrão energético, dos níveis de radiação, da constituição química e física e da abundância dos organismos. O impacto da poluição ambiental conduziu à perda de biodiversidade. A biodiversidade é o conjunto dos diferentes tipos de vida que se podem encontrar numa determinada área - a variedade de animais, plantas, fungos e até microorganismos como as bactérias que constituem o nosso mundo natural. Cada uma destas espécies e organismos trabalha em conjunto nos ecossistemas, como uma teia intrincada, para manter o equilíbrio e apoiar a vida na Terra, existindo num equilíbrio delicado (Elenwa & Allen, 2021). Quando há perda de biodiversidade, tanto o homem como os animais sofrem as consequências. Se, por um lado, a perda de biodiversidade conduz ao extermínio e à extinção de microrganismos e do homem, por outro, causa desconforto ao homem que vive no ambiente natural, especialmente às mulheres que se dedicam à recolha e comercialização de pervinca no Estado de Bayelsa.

Estas mulheres, porque algumas delas não frequentaram o ensino formal, são pobres e não dispõem de capital ou de fundos para se lançarem num negócio e recorreram à recolha e comercialização de pervinca, que é uma atividade que não exige dinheiro ou competências. Com esta atividade, ajudaram os seus maridos na família. As viúvas utilizaram-na para manter a família, formar os seus filhos na escola, vestir-se, entre outros. É importante avaliar de que forma a recolha e a comercialização da pervinca afectaram ou melhoraram o bem-estar das mulheres na área da administração local de Ogbia, no Estado de Bayelsa.

Ogbia LGA está rodeada por um rio e coberta ou ocupada por mangais *(Rhizophora racemusa (L))* e é um bom sítio para a pervinca e a ostra (Albert & Ekine 2012). Este cenário levou as mulheres de Ogbia LGA a dedicarem-se à recolha e comercialização da pervinca. A apanha e comercialização da pervinca é uma fonte de subsistência para algumas mulheres no Estado de Bayelsa, especialmente na Área de Governo Local de Ogbia. É com base nisto que o estudo avaliou o efeito da recolha e comercialização de pervinca no bem-estar das mulheres na área da administração local de Ogbia, Estado de Bayelsa, encontrando respostas para as seguintes questões de investigação: Quais são as caraterísticas socioeconómicas dos inquiridos na área de estudo? Quais são os domínios de recolha e comercialização da pervinca entre as mulheres da zona de estudo? Quais são os efeitos socioeconómicos da recolha e comercialização da pervinca entre as mulheres da zona de estudo? Quais são os efeitos da recolha e comercialização da pervinca no bem-estar das mulheres? E quais são os constrangimentos enfrentados pelas mulheres na recolha e comercialização da pervinca na zona de estudo.

1.3 Objetivo do estudo

O objetivo geral do estudo era verificar o efeito percebido da recolha e comercialização da pervinca no bem-estar das mulheres na área do governo local de Ogbia, Estado de Bayelsa.

Os objectivos específicos eram os seguintes

i. descrever as caraterísticas socioeconómicas dos inquiridos na área de estudo;

ii. identificar os canais de recolha e comercialização da pervinca;

iii. examinar o efeito socioeconómico da recolha e comercialização da pervinca nas mulheres;

iv. determinar o efeito da recolha e comercialização da pervinca no bem-estar das mulheres; e

v. identificar os condicionalismos enfrentados pelas mulheres na recolha e comercialização da pervinca na zona de estudo.

1.4 Hipóteses de investigação

Para orientar o estudo, foram testadas as seguintes hipóteses nulas:

$H0_1$: Não existe uma relação significativa entre as caraterísticas socioeconómicas das mulheres e o seu envolvimento na recolha e comercialização da pervinca na área de estudo.

$H0_2$: Não há diferença significativa entre o bem-estar das mulheres antes e depois do seu envolvimento na recolha e comercialização da pervinca na área de estudo.

1.5 Importância do estudo

O estudo foi de grande importância para um espetro de indivíduos entre os quais se encontram os apanhadores de pervinca, vendedores, consumidores, professores, agências governamentais (Ministério do Ambiente e Ministério da Agricultura) e investigadores subsequentes. Para os vendedores de pervinca, o estudo expô-los-á a várias oportunidades relacionadas com a venda de pervinca. O estudo fê-los compreender as suas contribuições únicas para a sociedade, fornecendo produtos nutritivos às pessoas. Para os professores, o estudo demonstra, para além do conhecimento teórico, o impacto prático deste marisco especial, a pervinca, na vida das pessoas, especialmente dos cidadãos com baixos rendimentos.

Com base na informação disponibilizada pelos resultados do estudo, os organismos governamentais, através do Ministério do Ambiente e do Ministério da Agricultura, formularão políticas para orientar o ambiente. As agências puderam planear programas para aumentar a abundância do produto da pervinca para a melhoria económica da vida dos cidadãos que dependem do produto. Para outros investigadores, o estudo foi uma fonte de literatura documental ou discursiva para investigações subsequentes relacionadas com esta área.

1.6 Âmbito do estudo

O conteúdo do estudo limitou-se ao efeito percebido da recolha e comercialização de pervinca no bem-estar das mulheres na área da administração local de Ogbia, Estado de Bayelsa. O estudo procurou basicamente descrever as caraterísticas socioeconómicas dos inquiridos na área de estudo, verificou o efeito percebido da recolha e comercialização da pervinca no bem-estar das mulheres na área da administração local de Ogbia, no Estado de Bayelsa.

1.7 Limitações do estudo

As principais limitações que o investigador enfrentou foram o tempo, as finanças e o nível de escolaridade dos colectores e vendedores de pervinca (inquiridos), porque o questionário foi redigido em língua inglesa. O investigador trabalhou, tendo em vista o tempo e utilizando os recursos financeiros disponíveis. O investigador também interpretou as perguntas para os inquiridos que não sabiam ler e escrever no dialeto local.

1.8. Organização do estudo

O estudo foi organizado em cinco capítulos. O primeiro capítulo incluiu os antecedentes do estudo, o enunciado do problema, os objectivos do estudo, a justificação do estudo, o âmbito do estudo, as hipóteses do estudo e a definição dos termos. O capítulo dois apresenta a revisão da literatura; o capítulo três destaca a metodologia de investigação, indicando a área de estudo, a população do estudo, o desenho da investigação e as fontes de dados, a dimensão da amostra e os procedimentos de amostragem, os instrumentos de recolha de dados, os métodos de recolha de dados, a validade e a fiabilidade dos instrumentos e o método de análise dos dados. O capítulo 4 apresenta os resultados e a sua discussão; o capítulo 5 apresenta as conclusões e as recomendações.

1.9 Definição de termos

Marketing: A atividade ou negócio de promover e vender produtos ou serviços.

Bem-estar: O estado de estar confortável, saudável e feliz.

Efeito: Uma influência significativa ou forte que algo tem sobre outra pessoa.

Mulher: Uma mulher adulta.

Apanha da pervinca: O processo económico de colher ou apanhar pervincas do mangal para fins comerciais.

CAPÍTULO 2 : REVISÃO DA LITERATURA

O capítulo centra-se na revisão da literatura relacionada com o seguinte subtítulo: quadro teórico, quadro concetual, literatura empírica e resumo da literatura revista.

2.1 Quadro teórico

2.1.1 Teoria da Abordagem dos Meios de Subsistência - Agência de Cooperação para o Desenvolvimento do Estado Britânico (1997)

A teoria da abordagem dos meios de subsistência surgiu no final da década de 1990 e, desde então, tem sido central no pensamento e na prática do desenvolvimento. Inicialmente, foi promovida pela agência estatal britânica de cooperação para o desenvolvimento, o Departamento para o Desenvolvimento Internacional (DFID), que a utilizou como a sua principal estratégia de redução da pobreza. De acordo com De Haan (2012), a intenção por detrás da teoria era criar uma "Terceira Via" para a nova administração Blair que funcionasse como meio termo entre a antiga ideologia trabalhista e as anteriores políticas neoliberais do governo conservador. Scoones (2019) descreve as raízes e a história da abordagem do SL e conclui que esta não surgiu do nada na década de 1990, mas que partilha ideias com abordagens anteriores como os estudos de aldeia, a ecologia política e os estudos de resiliência. Desde a sua primeira aparição na arena do desenvolvimento, talvez mais notavelmente no documento de visão geral de Chambers e Conways (2012), foi assumida por numerosas agências de desenvolvimento como a OXFAM, Care, PNUD e IFAD, que adoptaram a sua própria versão da abordagem SL.

A teoria da abordagem dos meios de subsistência é uma tentativa de compreender como diferentes pessoas vivem as suas vidas em diferentes locais. A literatura apresenta uma variedade de definições do conceito de "meios de subsistência", que, na sua forma mais básica, implica "os meios de ganhar a vida" (Chambers 2012 in Scoones 2019). No entanto, a definição mais comum de Meios de Subsistência surgiu no documento de trabalho de Chambers e Conway para o Instituto de Estudos de Desenvolvimento em 2012 e capta a noção alargada de meios de subsistência entendida nesta dissertação:

Os meios de subsistência compreendem as capacidades, os activos (incluindo os recursos materiais e sociais) e as actividades necessárias para um meio de vida. Um meio de subsistência é sustentável quando pode fazer face e recuperar de tensões e choques, manter ou melhorar as suas capacidades e activos, sem prejudicar a base de recursos naturais. Esta abordagem constitui uma carteira complexa das diversas actividades e interações que as pessoas realizam para ganhar a vida. As áreas de aplicação incluem "estudos de aldeia, economia doméstica e análises de género, investigação de sistemas agrícolas, análises de agro-ecossistemas, avaliação rápida e participativa, estudos de alterações socioambientais, ecologia política, ciência da sustentabilidade e estudos de resiliência" (Scoones, 2019), o que mostra a vasta gama de utilizações práticas. Esta abordagem influenciou fortemente as organizações de desenvolvimento e as suas políticas e intervenções de desenvolvimento, a investigação e a prática orientadas para o desenvolvimento durante a última década.

Uma das principais caraterísticas desta abordagem é o facto de colocar as pessoas "pobres" e as prioridades que elas definem firmemente no centro da análise, oferecendo uma análise sistemática da pobreza e das suas causas. O objetivo é ver a pobreza a partir de perspectivas locais. A tónica é colocada nas oportunidades e na ação, por oposição às necessidades e aos constrangimentos. Oferece uma nova forma de pensar o desenvolvimento que difere das anteriores políticas neo-liberais do topo para a base. É uma perspetiva orientada para o ator que analisa as vidas e as necessidades diárias dos pobres utilizando uma perspetiva participativa e ascendente, muito inspirada no trabalho de Sen (2018) sobre os direitos. É crucial refletir sobre a forma como o conhecimento é criado e como certos discursos podem estabelecer a agenda do desenvolvimento; "a produção de conhecimento é sempre condicionada por valores, políticas e histórias e compromissos institucionais" (Keely & Scoones in Scoones 2019: 14). O enquadramento normativo específico encontrado na abordagem dos meios de subsistência tem as suas implicações no pensamento e na prática do desenvolvimento. Um exemplo é o Relatório sobre o Desenvolvimento Mundial de 2018 do Banco Mundial "Agricultura para o desenvolvimento", que se concentra na importância dos meios de subsistência e identifica diferentes estratégias e tipos de economias que compõem uma série de etapas evolutivas para o desenvolvimento. Estes pressupostos criam um forte enquadramento normativo de como o desenvolvimento deve ocorrer, e o poder institucional por detrás dos principais doadores, como o Banco Mundial, cria um certo tipo de conhecimento no domínio do desenvolvimento. É necessário questionar "os processos através dos quais o conhecimento dos meios de subsistência é negociado e utilizado" (Scoones, 2019).

A abordagem dos meios de subsistência pretende oferecer um quadro prático para uma intervenção e uma política baseadas em factos, e não pretende ser um conjunto rígido de regras, mas sim flexível e dinâmico. Tem uma visão holística multissectorial dos meios de subsistência, o que, de acordo com o DFID (2019), significa que são explorados os constrangimentos e as oportunidades mais prementes, independentemente do local onde as pessoas se encontram (sector, escala geográfica, etc.). O contexto mais alargado é parte integrante do quadro, uma vez que a história e o contexto de vulnerabilidade são explorados, desde o nível local ao global. Embora exista a intenção de ligar o micro ao macro nas perspectivas dos meios de subsistência, Scoones (2019) afirma que isto é frequentemente mais uma ambição do que uma realidade e que tem havido uma falha persistente em abordar processos globais mais amplos e a forma como estes afectam os meios de subsistência a nível local. "À medida que a transformação global continua a acelerar, a atenção às questões de escala deve ser central para o revigoramento das perspetivas dos meios de subsistência. De Haan (2012) também argumenta que um dos principais desafios para a abordagem dos meios de subsistência é ultrapassar a sua tendência para o local. Para que isto seja ultrapassado, a perspetiva dos meios de subsistência tem de incluir as interações globais-locais na análise. Mais precisamente, a forma como 'o global é contestado e acumulado localmente e como as comunidades locais criam localidades através da criação de espaços contestados e negociados'. Além disso, a forma como as localidades moldam o espaço global é frequentemente negligenciada, deixando de fora uma parte importante da equação. De facto, para que uma análise dos meios de subsistência possa captar as complexidades dos sistemas de subsistência, os diversos e graves impactos da globalização e as interações locais-globais têm de ser parte integrante do quadro dos meios de subsistência.

A abordagem resulta de preocupações com a eficácia da atividade de desenvolvimento e tenta ir além das definições e abordagens convencionais da erradicação da pobreza. Apesar dos compromissos assumidos para com a redução da pobreza, a atenção imediata de muitos dos esforços dos doadores e dos governos tem-se centrado apenas em alguns aspectos da privação, como o rendimento, os recursos e as instalações (água, terra, clínicas, infra-estruturas) ou nas estruturas que prestam serviços (ministérios da educação, serviços pecuários, ONG), e não nas próprias pessoas. A abordagem dos meios de subsistência promoveu a importância de uma sólida compreensão da economia familiar, combinada com a atenção ao contexto político, a fim de alcançar os objectivos de desenvolvimento (DFID, 2019). O contexto de vulnerabilidade é uma parte vital do quadro, pois serve para contextualizar as estratégias e os resultados dos meios de subsistência, e identifica diferentes factores e processos que restringem ou aumentam a capacidade das pessoas pobres de ganhar a vida. Isto inclui diferentes tendências económicas, ambientais, políticas e sociais que podem afetar os meios de subsistência, os vários choques que podem ocorrer e a sazonalidade do ambiente e da economia locais. Em seguida, continua com o impacto do contexto de vulnerabilidade sobre os vários activos dos meios de subsistência.

Finalmente, a análise conclui com os processos através dos quais os membros da comunidade interagem entre si e com a sociedade em geral (Carr, 2013). Isto inclui serviços governamentais, serviços não governamentais e agências privadas. As estratégias de subsistência das pessoas pobres estão inseridas em estruturas e são governadas por instituições, e moldadas por interações entre o local e o global (De Haan & Zomers in De Haan, 2012). Através destes processos, os indivíduos e as comunidades podem aceder aos meios de subsistência e decidir como os utilizar. Discernir o contexto de vulnerabilidade dos agricultores de M'muock é fundamental para compreender como as estruturas actuais estão a afetar os seus meios de subsistência e é, portanto, uma parte vital da minha análise.

A abordagem dos meios de subsistência tem ligações com outros quadros conceptuais e é influenciada e inspirada por muitos deles. Existem algumas semelhanças com as abordagens baseadas nos direitos, uma vez que ambas sublinham as responsabilidades da comunidade global na erradicação da pobreza e na promoção dos direitos humanos, para além das preocupações com a capacitação e a participação. O movimento participativo no desenvolvimento promove a realização, pelas pessoas, dos seus próprios objectivos de subsistência, os pontos fortes das pessoas e a compreensão dos efeitos das macro-políticas sobre os meios de subsistência. Isto tem semelhanças com a abordagem dos meios de subsistência, para além de abordar a importância da vulnerabilidade aos choques e tendências e dos vários tipos de activos (DFID, 1999). Outra abordagem que faz lembrar a ASL é a abordagem setorial (SWA), com a qual partilham uma grande ênfase na compreensão das estruturas e dos processos que condicionam o acesso das pessoas aos activos e a sua escolha de estratégias de subsistência. De acordo com o DFID (1999), os programas de apoio setorial serão muito adequados quando o principal constrangimento for o fraco desempenho das agências governamentais, mas a ASL rejeita claramente o ponto de entrada setorial da SWA. Em muitos aspectos, a abordagem SL também partilha caraterísticas com a antiga abordagem de Desenvolvimento Integrado (IRD) que falhou na década de 1970.

O IRD também era amplo e multi-setorial, mas a diferença crucial é que a abordagem da SL não tem necessariamente como objetivo abordar todos os aspectos dos meios de subsistência dos pobres. A intenção é antes empregar uma perspetiva holística na análise dos meios de subsistência para identificar as questões ou áreas temáticas em que uma intervenção poderia ser estrategicamente importante para uma redução efectiva da pobreza, quer a nível local quer a nível político. De acordo com Krantz (2001), alguns dos seus proponentes compararam-na a uma abordagem de 'acupunctura' ao desenvolvimento ('colocar as agulhas no sítio certo'). Isto realça a diferença em relação a outras abordagens: embora seja holística na sua essência, o objetivo é identificar os pontos de entrada específicos aos quais devem ser aplicadas as estratégias de redução da pobreza. Scoones (2009) acentua a diversidade das estratégias de subsistência e a forma como isto diferencia a abordagem das abordagens de um único sector.

O trabalho nominal de Amartya Sens sobre os direitos influenciou fortemente a abordagem do SL. Os direitos representam "o conjunto de diferentes pacotes de bens alternativos que uma pessoa pode adquirir através da utilização dos vários canais legais de aquisição abertos a alguém na sua posição. Numa economia de mercado de propriedade privada, o conjunto de direitos de uma pessoa é determinado pelo seu pacote original de propriedade (o que se designa por "dotação") e pelos vários pacotes alternativos que pode adquirir, começando respetivamente por cada dotação inicial, através da utilização do comércio e da produção (o que se designa por "mapeamento dos direitos de troca")" (Sen, 1995). O trabalho de Sen sobre as capacidades também teve o seu impacto no desenvolvimento da abordagem dos meios de subsistência. A principal caraterística da abordagem das capacidades é o facto de se centrar na capacidade das pessoas para desempenharem determinadas funções básicas. O termo tem um alcance amplo, incluindo a qualidade de vida, que é vista em termos da possibilidade de escolher actividades valiosas (Chambers & Conway 1991). "A abordagem da capacidade em relação à vantagem de uma pessoa consiste em avaliá-la em termos da sua capacidade efectiva de realizar várias funções valiosas como parte da vida. A abordagem correspondente à vantagem social - para a avaliação agregada, bem como para a escolha de instituições e políticas - considera o conjunto de capacidades individuais como constituindo uma parte indispensável e central da base de informação relevante dessa avaliação" (Sen, 1993). Sen defendeu que, nas avaliações sociais e na conceção de políticas, a tónica deve ser colocada naquilo que as pessoas são capazes de fazer e de ser, na qualidade da sua vida e na remoção dos obstáculos às suas vidas, para que tenham mais liberdade para viver o tipo de vida que, após reflexão, consideram valioso. No âmbito da abordagem dos meios de subsistência, as capacidades implicam também a capacidade de enfrentar o stress e os choques e de explorar as oportunidades de subsistência. As capacidades não são exclusivamente reactivas, mas também proactivas e dinâmicas (Chambers & Conway 1991; Robeyns, 2003).

Em relação ao estudo, a abordagem dos meios de subsistência constitui uma carteira complexa das diversas actividades e interações que as pessoas realizam para ganhar a vida. As áreas de aplicação incluem 'estudos de aldeia, economia doméstica e análises de género, investigação de sistemas agrícolas, análises de agroecossistemas, avaliação rápida e participativa, estudos de mudanças socioambientais, ecologia política, ciência da sustentabilidade e estudos de resiliência' (Scoones, 2009), o que mostra a vasta gama de utilizações práticas. Assim, as mulheres de Ogbia dedicam-se a muitas actividades agrícolas, incluindo a recolha de pervinca para fazer carne.

2.1.2 Teoria dos Recursos Básicos - Birger Wernerfelt (1951)

Esta teoria surgiu devido à necessidade de uma utilização eficaz dos recursos para melhorar as condições de vida. A teoria baseada nos recursos, tal como foi proposta por Wernerfelt (1984), enfatizou o papel da utilização dos recursos ambientais ou naturais na melhoria das condições de vida das pessoas que vivem numa localidade. A teoria é da opinião de que a melhoria dos meios de subsistência depende em grande medida da presença, quantidade e qualidade dos recursos naturais de base na localidade (Essang, 2015). Não há dúvida de que os recursos naturais desempenham um papel vital nas actividades de melhoria dos meios de subsistência e a pervinca é um bom recurso na localidade estudada. A pervinca é um bom recurso na localidade de estudo. Assim, dentro de uma determinada área, região ou país com recursos básicos tende a ter um rendimento mais elevado e outros indicadores de melhoria dos meios de subsistência e a crescer cada vez mais depressa do que aqueles com recursos escassos quando geridos adequadamente. Isto explica em parte a diferença na aparência externa das áreas nalguns países. Na Nigéria, por exemplo, as zonas produtoras de algodão, amendoim e cacau e a cintura das palmeiras, bem como as zonas ricas em minerais, registam um crescimento muito mais rápido do que outras com poucos ou nenhuns recursos (Okoye, 1992). Esta teoria é relevante para este estudo porque incentiva as mulheres a utilizar os recursos naturais disponíveis no país e particularmente na região para melhorar a sua ação de melhoria dos meios de subsistência.

2.1.3 Teoria da oferta e da procura - Adams Smith (1776)

A oferta e a procura é uma teoria da microeconomia que oferece um modelo económico para a determinação dos preços. Esta teoria afirma que o preço unitário de um bem ou serviço pode variar até atingir um ponto de equilíbrio económico, ou seja, quando a quantidade que os consumidores procuram de um bem é igual à quantidade que um consumidor fornece. Por exemplo, quando a oferta de um bem ou serviço diminui e a procura dos consumidores persiste, o seu preço pode disparar - neste caso, a procura é superior à oferta. A relação económica entre vendedores e compradores de vários bens é determinada pela lei da oferta e da procura. De acordo com a teoria da oferta e da procura, o preço de um produto é determinado pela sua disponibilidade e pela procura dos clientes.

A lei da procura e a lei da oferta são os fundamentos da teoria. A interação das duas leis determina o preço real de mercado e o volume dos produtos. Manter o preço elevado, por outro lado, pode prejudicar a forma como os compradores percepcionam o produto. Se os clientes não acreditarem que o produto vale o preço elevado, podem optar por uma alternativa menos dispendiosa. Um preço mais elevado pode resultar numa diminuição da procura, o que pode resultar numa diminuição da oferta. A teoria é aplicável a este estudo porque as pervincas são muito procuradas, especialmente nesta parte do país (Delta do Níger), onde quase todas as casas/famílias comem e utilizam a casca para a construção de casas e de edifícios, pelo que o nível de oferta também está a aumentar, levando assim mais mulheres, tanto jovens como idosas, a dedicarem-se à recolha de pervincas.

2.1.4 Nova Teoria do Crescimento (NGT) -Paul Romer (1986)

A Nova Teoria do Crescimento (NGT) centra-se nos desejos e necessidades dos indivíduos como o elemento impulsionador do crescimento económico; as pessoas compram, vendem e investem em função dos seus desejos e necessidades, o que leva ao aumento das estatísticas do PIB real. A teoria é uma nova abordagem da sua antecessora, a economia neoclássica; embora esta última esteja mais preocupada com as causas externas, a NGT preocupa-se sobretudo com os aspectos internos (humanos). A Nova Teoria do Crescimento coloca talvez a maior ênfase no aspeto crucial da informação; as pessoas inteligentes compram, vendem e investem eficazmente, acelerando assim o crescimento económico de uma forma mais sensata e significativa. O conhecimento, de acordo com a NGT, é um ativo (intangível) com potencial de expansão exponencial.

A nova teoria do crescimento é adequada a este estudo porque a pervinca é uma das coisas que as pessoas desejam e necessitam na sociedade em geral para efeitos de consumo, construção de casas, construção de pontes, estradas e caminhos-de-ferro, etc. As pessoas compram e vendem pervinca tanto em pequenas como em grandes quantidades dentro do país, o que também impulsiona a economia da nação, uma vez que se trata de um comércio doméstico. (Bob-Manuel, 2012).

2.2 Quadro concetual

Este aspeto do capítulo destina-se a fornecer uma representação esquemática precisa e uma explicação da relação entre as variáveis-chave no que se refere a este estudo. Fig. I: Esquema sobre o efeito da colheita de pervinca na subsistência/bem-estar das mulheres na área da administração local de Ogbia, Estado de Bayelsa, Nigéria.

A variável dependente na caixa A, que é o bem-estar das mulheres, é a boa saúde das mulheres;

Melhoria da educação; Melhoria da habitação; Segurança alimentar; e Segurança financeira.

A variável independente na caixa B é a participação das mulheres nas actividades de recolha e comercialização da pervinca. Isto inclui: recolha, comercialização e vendas.

A **variável moderadora** na Caixa C_1, que é institucional ou estrutural, modera a variável dependente na Caixa A, que é o modo de vida das mulheres.

A variável moderadora na Caixa C_2 , que são as caraterísticas socioeconómicas, modera a variável independente na Caixa B.

A variável interveniente na caixa D são os condicionalismos que influenciam as variáveis dependentes e independentes. Os constrangimentos são indicados e, se não forem bem tratados, podem levar ao fracasso da recolha e comercialização da pervinca.

O resultado na caixa E é o resultado esperado da participação das mulheres na recolha e comercialização da pervinca, que inclui a criação de emprego, o empreendedorismo, o aumento do rendimento, o aumento do bem-estar, a redução da vulnerabilidade, a melhoria da segurança alimentar, entre outros.

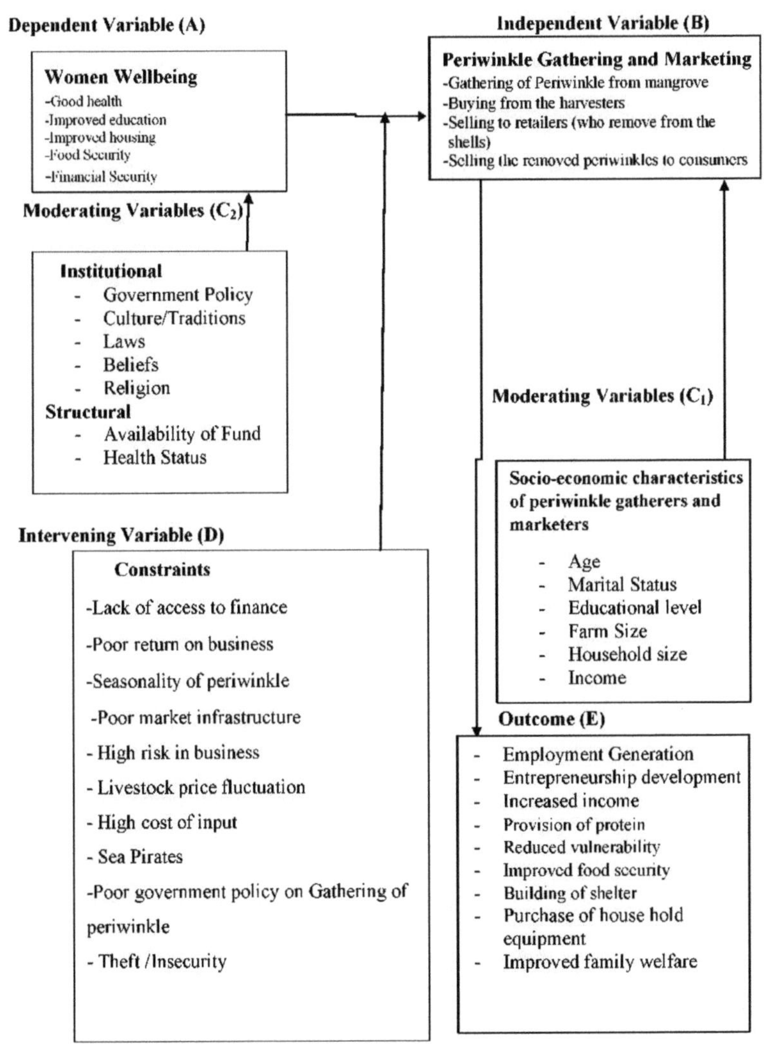

Fig. 2.1: Esquema que mostra o efeito da colheita e comercialização da pervinca no bem-estar das mulheres

2.2.1 Conceito de pervinca

As pervincas comuns são nativas das costas nordeste do Oceano Atlântico, incluindo o norte de Espanha, França, Grã-Bretanha, Irlanda, Escandinávia, Rússia e Nigéria. *O Tympanotonus*, vulgarmente designado na Nigéria por pervinca, habita as águas intertidais salobras onde o substrato é lamacento e rico em detritos. A espécie é um alimentador de depósito, alimentando-se de lama e digerindo detritos e matéria orgânica na lama. *O Tympanotonusfuscatus* é muito popular, bem apreciado e constitui uma iguaria no prato da maioria das comunidades ribeirinhas do Delta do Níger, uma vez que constitui uma fonte relativamente barata de proteína animal e a sua concha pode ser utilizada para fins de construção.

Os caramujos são moluscos marinhos *(gastrópodes')* com conchas espirais espessas. À medida que crescem, as conchas dos gastrópodes seguem um padrão matematicamente regular. Assim, à medida que aumentam de tamanho, mantêm a sua forma básica. O molusco produz esta forma espiralada adicionando continuamente concha à borda, enrolando-se em torno de um eixo imaginário que atravessa diretamente a concha. A concha resultante torna-se uma casa forte e compacta para o molusco no seu interior. As principais famílias de pervincas incluem a família Litorinae. São comuns nas costas da América do Norte e da Europa e estão amplamente distribuídas nas zonas litorais e nos bancos de areia. As principais espécies disponíveis na lagoa e nos lodaçais do Delta do Níger, na Nigéria, entre Calabar, a leste, e Badagry, a oeste, são *Tympanostomus spp.* e *Pachmellania spp.*

A pervinca *(Tympanotonusfuscatus)* é um gastrópode prosobrânquio (Mollusca) univalve que se encontra habitualmente na zona entre marés dos ecossistemas salobros do delta do

Níger e noutras partes das águas costeiras da África Ocidental, como mangais, riachos, lagoas e estuários (Oyenekan, 2019). Habitam geralmente substratos moles ou lodaçais ricos em matéria orgânica em decomposição e detritos. Deekaereportou que a natureza do depósito do fundo; a profundidade da água e a corrente são os principais factores que controlam a distribuição deste molusco nos estuários. Quando no seu habitat, migram para a orla costeira e geralmente agregam-se sob as raízes respiratórias de espécies de plantas de mangue como *Avicenia nitida, Rhizophora mangle* e Nypa palm para se protegerem do calor direto do sol. Têm a capacidade de sobreviver sem água ou humidade durante um longo período de tempo, especialmente durante a estação seca, mas dependem das suas reservas alimentares. Constituem um alimento importante ou uma iguaria para um grande número de pessoas que vivem no delta do Níger. Milhões de *T. fuscatus* são transportados diariamente em sacos de juta para os mercados para venda. É uma fonte relativamente barata de proteína animal e a sua concha é normalmente utilizada como fonte de cálcio e fosfato na alimentação do gado e como ornamento. Esta espécie tem também alguns valores medicinais, por exemplo, devido ao seu elevado teor de iodo, tem sido utilizada para o tratamento do bócio endémico. Não foi feito qualquer esforço para cultivar esta espécie em cativeiro; por conseguinte, a colheita na natureza exerceu uma grande pressão e impacto na sua abundância, tamanho grande e estrutura da comunidade. A carne da pervinca é utilizada internamente como alimento humano, ração para o gado e a casca pode ser pintada com várias cores e utilizada como ornamento para decoração. A fonte convencional de proteínas amoniacais para a população da África Ocidental provém, em grande parte, do gado sob a forma de aves de capoeira, carne de vaca, carne de carneiro e carne de porco. O rápido crescimento da população humana, juntamente com o aumento constante do nível de vida, também colocou uma grande pressão sobre as fontes existentes de proteínas animais, tornando-as assim caras. Por conseguinte, é necessário explorar fontes de proteínas não convencionais, como os caracóis, a fim de aumentar a oferta de proteínas animais.

As pervincas são popularmente designadas por "Isamo" no Estado de Bayelsa e são um ingrediente essencial na maioria dos pratos locais, especialmente os que são próprios da parte sul da Nigéria. Na Nigéria, as pervincas ocorrem em lagoas, estuários e mangais e são colhidas e consumidas em grandes quantidades nos Estados de Port Harcourt, Lagos, Bayelsa e Akwa Ibom (Bob-Manuel, 2012).

2.2.2 Habitat da pervinca

A pervinca comum encontra-se principalmente nas costas rochosas da zona intertidal superior e média. Por vezes, vive em pequenas poças de maré. Também pode ser encontrada em habitats lamacentos, como estuários, e pode atingir profundidades de 55 m (180 pés). Quando exposta ao frio ou ao calor extremos durante a escalada, a pervinca retira-se para a sua concha e começa a rolar, o que pode permitir-lhe cair à água.

2.2.3 Hábitos alimentares da pervinca

A pervinca é um gastrópode intertidal omnívoro. Alimenta-se principalmente de algas, mas também de pequenos invertebrados, como larvas de cracas. Utiliza a rádula para raspar as algas das rochas e, na comunidade dos sapais, apanha algas da erva do cordão ou do biofilme que cobre a superfície da lama nos estuários ou baías.

2.2.4 Círculo de vida da pervinca

As pervincas reproduzem-se anualmente através da fertilização interna de cápsulas de ovos que são depois lançadas diretamente no mar, levando a um tempo de desenvolvimento larvar planctotrófico de quatro a sete semanas. As fêmeas põem 10 000 a 100 000 ovos contidos numa cápsula córnea da qual as larvas pelágicas escapam e acabam por se depositar no fundo (Benson, 2008). Estas espécies podem reproduzir-se durante todo o ano, dependendo do clima local. Benson sugere que atinge a maturidade aos 10 mm e vive normalmente cinco a dez anos (Benson), enquanto Moore sugere que a maturidade é atingida em 18 meses. Alguns exemplares viveram 20 anos. Observou-se que as fêmeas estão maduras desde fevereiro até ao final de maio, altura em que a maioria está a desovar. Os machos estão maduros principalmente de janeiro até ao final de maio e perdem peso após a cópula. As crias parecem instalar-se principalmente entre o final de maio e o final de junho, embora outras fontes indiquem uma instalação mais precoce.

2.2.5 Tipos de pervincas

1. Caramujos comuns

A pervinca comum pode ser identificada pelos seus tentáculos às riscas e por um espiráculo (a extremidade pontiaguda da concha) que não é tão afiado como o da pervinca rugosa, mas não tão liso como o da pervinca lisa.

2. Caramujos lisos: As pervincas lisas são muito lisas, têm um espiráculo achatado e podem ter uma variedade de cores - amarelo sólido, riscas ou castanho, cores que as camuflam muito bem nas ervas rochosas a que chamam casa.

3. Carochas rugosas: As pervincas rugosas são muito parecidas com as pervincas comuns, mas são mais pequenas e mais irregulares.

2.2.6 Valor nutritivo da pervinca

Este marisco é muito procurado e é consumido devido aos seus conhecidos valores nutricionais, que são enumerados a seguir;

1. Fonte de Ferro: O caracol Pervinca da Nigéria é uma boa fonte de ferro. Como já sabe, o ferro é necessário para a formação de glóbulos vermelhos e para transportar energia pelo corpo. Uma deficiência de ferro pode levar a anemia e fadiga extrema.

2. **Fonte de Fósforo:** A função do Fósforo no organismo é atuar como um canal de energia utilizado para o metabolismo das gorduras e dos amidos. O fósforo também ajuda no crescimento de dentes e gengivas saudáveis. Estes são os principais benefícios nutricionais das caramujos para o corpo humano.

3. **Fonte de cálcio:** A pervinca tem um elevado teor de cálcio $CaCO_3$ (88,22 ± 0,75% e 85,38 ± 0,80%, respetivamente) e um teor relativamente baixo, mas substancial, de magnésio $MgCO_3$ (10,25 ± 0,42% e 9,43 ± 0,60%, respetivamente). O seu teor em cálcio, nomeadamente, é necessário ao organismo para

manter. Permite ter ossos fortes e dentes saudáveis. As crianças devem ser alimentadas com caramujos para desenvolverem ossos saudáveis e manterem estruturas corporais fortes

4. Contêm ácidos gordos ómega 3

Um dos valores nutricionais mais elevados da Perry Winkle é a quantidade de ácidos gordos ómega 3 que contém. Os ácidos gordos ómega 3 são um tipo de gordura polinsaturada que não é produzida pelo nosso corpo, pelo que é essencial para o organismo. Curiosamente, a quantidade de ácidos gordos ómega 3 nas caramujos é superior às necessidades diárias de um ser humano adulto. Os ácidos gordos ómega 3 são importantes para os seres humanos porque ajudam a melhorar a saúde do cérebro, auxiliando o desenvolvimento das membranas celulares no sistema nervoso. Isto também ajuda a melhorar a sua memória. Além disso, os ácidos gordos ómega 3 desempenham um papel importante na prevenção de doenças cardíacas, reduzindo o risco de pressão arterial elevada. Por isso, comer caramujos aumenta a quantidade de ácidos gordos ómega 3 no sangue e reduz os níveis de triglicéridos e colesterol LDL no sangue.

5. Rico em Selénio: Se está à procura de uma das formas de combater o cancro, então deve consumir pervinca porque contém Selénio que é um nutriente que combate doenças como o cancro, doenças reprodutivas e cardíacas. O selénio e a vitamina E trabalham em conjunto para formar um antioxidante muito poderoso que ajuda a prevenir o envelhecimento e a deterioração dos tecidos através da oxidação. Como pode ver, comer pervinca pode ajudá-lo a parecer mais jovem e a manter uma pele suave. Além disso, o selénio é importante para o bom desempenho de alguns órgãos vitais do corpo, como os rins, o fígado, o pâncreas e os testículos.

6. Rico em magnésio

Outro nutriente disponível na carqueja é o magnésio, que desempenha um papel importante em mais de 300 reacções enzimáticas no corpo, incluindo a síntese de gorduras, proteínas e ácidos nucleicos, reacções neurais. O seu corpo também precisa de magnésio para manter a pressão sanguínea normal, ossos mais fortes e também mantém o seu coração em boas condições.

7. Rico em proteínas

A pervinca é uma fonte muito boa de proteínas. Contém cerca de 15% de proteínas, o que é vital para prevenir doenças mortais como o kwashiorkor e o marasmo no corpo, causadas pela deficiência de proteínas. Também são necessárias proteínas suficientes no corpo para acelerar a cicatrização de feridas e a regeneração celular para manter as hormonas e as enzimas no corpo. Também é necessária para o crescimento e desenvolvimento de alguns tecidos do corpo.

8. Contém vitaminas vitais

As pervincas contêm vitamina A, vitamina E e vitamina B1, B3, B6 e B12, que são muito vitais para o desenvolvimento do corpo. Por exemplo, a vitamina A é necessária para uma boa visão, enquanto a vitamina E pode atuar como um antioxidante e também melhorar a saúde reprodutiva. Do mesmo modo, a vitamina B1, B3, B6 e B12 é uma vitamina essencial necessária para prevenir e controlar a diabetes. Outras vitaminas que podem ser encontradas nas caramujos são a niacina e o folato. A niacina, por exemplo, ajuda no metabolismo dos hidratos de carbono para produzir energia, e o folato é bom para as mulheres grávidas no desenvolvimento de um feto saudável.

9. Contém colina

A colina é um componente-chave do sistema nervoso humano, e este nutriente é necessário para manter uma função cerebral saudável.

10. Bom para o coração

Outro benefício interessante das pervincas para a saúde é o facto de serem boas para o coração. Uma vez que as pervincas estão repletas de ácidos gordos ómega 3, proporcionam muitos benefícios ao coração. Os alimentos ricos em ácidos gordos ómega 3 reduzem os triglicéridos, um tipo de gordura no sangue, e reduzem o risco de desenvolver um batimento cardíaco irregular (arritmias).

11. Previne e trata a anemia

Comer caramujos pode prevenir a anemia por deficiência de ferro. Os caramujos são uma excelente fonte de ferro, sendo que uma porção de caramujos contém 22% da dose diária recomendada de ferro.

12. Pode reforçar o sistema imunitário

Além disso, as pervincas contêm muitas vitaminas e minerais, que podem fortalecer o sistema imunitário do corpo. Por exemplo, a vitamina A, que está presente nas pervincas, ajuda o sistema imunitário a combater doenças e fortalece os olhos. Também ajuda as células do seu corpo

2.2.7 Métodos de conservação da pervinca

Ao longo dos anos, o processamento da pervinca tem sido feito através de métodos tradicionais: usando uma faca para aparar a extremidade afilada e depois usando uma agulha esterilizada para extrair a carne da sua casca (Odu *et al,* 2010). Isto torna o processamento da pervinca fastidioso, perigoso, demorado, insalubre e antieconómico, com um elevado nível de trabalho penoso. Além disso, a sujidade, os germes e os contaminantes são reintroduzidos, o que reduz a qualidade da carne de pervinca. Há necessidade de desenvolver uma máquina para o seu processamento eficiente, considerando o enorme potencial da pervinca (Ekop *et al.,* 2019). A secagem é um processo de transferência de massa de remoção de água ou solvente por evaporação da pervinca fresca. Este processo é frequentemente utilizado como uma etapa final de produção antes do processamento final ou da embalagem. É frequentemente utilizada uma fonte de calor e um agente para remover o vapor produzido pelo processo. Existem diferentes métodos de secagem da carne de pervinca, tais como a secagem ao sol, a secagem por congelação, a secagem solar, a secagem em estufa e a secagem em armário. A utilização de ar quente que flui sobre o alimento é a forma mais comum de transferir calor para secar um material (Cruz et al., 2015; Moruf & Lawal-Are, 2015).

A essência da secagem inclui a preservação dos alimentos e o aumento do seu prazo de validade através da redução do teor de água e da atividade da água, evitando assim a necessidade de refrigeração, uma vez que a maioria das pessoas não tem e possivelmente não pode fornecer e manter um frigorífico (Guiné, 2010).

Para os habitantes das zonas urbanas, as pervincas são conservadas principalmente por refrigeração, uma vez que os frigoríficos são acessíveis e são considerados fáceis em comparação com a secagem, uma vez que as pervincas, quando retiradas das suas cascas, são simplesmente lavadas e depois armazenadas no frigorífico até à sua utilização.

2.2.8 Habitat aquático da pervinca

As pervincas são popularmente designadas por "Isamo" no Estado de Bayelsa e constituem um ingrediente essencial na maior parte dos pratos locais, especialmente nos pratos típicos da parte sul da Nigéria. Na Nigéria, as pervincas ocorrem em lagoas, estuários e mangais e são colhidas e consumidas em grandes quantidades nos Estados de Port Harcourt, Lagos, Bayelsa e Akwa Ibom. Alguns moluscos encontram-se principalmente em águas pouco profundas e, por vezes, na zona entre-marés, onde se enterram nos leitos dos rios que lhes servem de habitat, alimentando-se principalmente de algas e diatomáceas. Encontram-se no sedimento do mangal ou sobre ele; estão geralmente submersos e expostos nas marés baixas. O Tympanotonusfuscatus rasteja debaixo de água e permanece passivo quando fica exposto pela maré.

Deekar (2018) referiu que a natureza do depósito no fundo, a profundidade da água e a corrente são os principais factores que controlam a distribuição deste molusco nos estuários. Quando no seu habitat, eles

migram para a orla costeira e geralmente agregam-se sob as raízes respiratórias de espécies de plantas de mangue, como Avicenia nitida, Rhizophora mangle e Nypa palm, para se protegerem do calor direto do sol. Têm a capacidade de sobreviver sem água ou humidade durante um longo período de tempo, especialmente durante a estação seca, mas dependem das suas reservas alimentares.

2.2.9 Utilizações da pervinca

As cascas de pervinca são obtidas a partir da pervinca e têm sido amplamente utilizadas em trabalhos de construção durante a construção de casas e passeios nas comunidades. Podem ser utilizadas como substituto parcial do granito em obras de construção normais e o desenvolvimento da resistência do betão de pervinca-granito é semelhante ao do betão de granito convencional. Servem como fonte de proteínas para os seus consumidores e para as mulheres grávidas que têm carências proteicas. As cascas são utilizadas como fonte de cálcio em alimentos para animais e para fins de construção. São também pintadas e utilizadas/vendidas como ornamentos para decoração.

As conchas dos moluscos são constituídas principalmente por camadas de carbonato de cálcio. Por este facto, são utilizadas (em pó) pelos nutricionistas na alimentação das aves. São utilizadas na alimentação, em iguarias culinárias. A maior parte das suas conchas vazias são habitadas por caranguejos-eremitas, pelo que lhes servem de abrigo e proteção permanentes.

2.2.10 Propriedades físico-químicas da pervinca

a casca de pervinca tanto para fins de construção como para fins não-construtivos; utilizou as propriedades físico-químicas das cinzas de casca de pervinca queimadas a 300°C durante 2 horas e peneiradas com crivo de 180µm na remoção de ião chumbo e cobre de águas residuais industriais, e utilizou cascas de pervinca *(TympanotonusFuscatus)* para substituir agregados grosseiros em betão leve, utilizaram as cascas de pervinca como material híbrido biocompósito, enquanto os relatórios que utilizaram as propriedades de cimentação das cinzas de casca de pervinca como carga para substituição parcial de solo laterítico na produção de blocos lateríticos, apresentaram valores de resistência à compressão que variaram entre 12.12 Nmm-2 e 25,67 Nmm-2 aos 28 dias, que dependem de factores que vão desde a proporção da mistura, tipo de agregado grosso e relação água/cimento, enquanto que se obteve uma resistência à compressão de 18,64 N/mm2 utilizando uma relação água/cimento de 0,8, e se obteve uma resistência à compressão de 21 Nmm-2 e 15 Nmm-2 para misturas de betão 1:2:4 e 1:3:6 respetivamente, obteve-se 13,05 Nmm-2 para o betão de casca de pervinca. Utilizando proporções de mistura de 1:1:2, 1:2:3 e 1:2:4, obtiveram-se caraterísticas de resistência à compressão de 25,67 Nmm-2,19,50 Nmm-2 e 19,83 Nmm-2 a 28 dias de hidratação, respetivamente. A casca de pervinca mais utilizada foi a das espécies *TympanotonusFuscatus* e *Nodilittorina radiata* na investigação da resistência à compressão do betão.

Existe uma correlação positiva geral entre o tamanho da concha e o preço de venda da carne retirada, embora a unidade de medida da carne seja a mesma. Esta correlação deve-se, em parte, a uma forte preferência dos consumidores por caracóis de corpo grande. No entanto, é de notar que as amostras de caracóis grandes provinham todas de mercados do interior, pelo que o seu preço de venda mais elevado pode também estar relacionado com a distância da fonte e dos intermediários. Em todos os principais sectores de mercado, há indícios de que as conchas de maiores dimensões são enviadas para mercados mais distantes e as mais pequenas são guardadas para consumo local. Isto pode estar relacionado com diferenças nos esforços de recolha por parte das pessoas que recolhem os caracóis a tempo inteiro para venda aos transportadores comerciais.

A espécie de pervinca *Tympanotonusfuscatus* é uma iguaria na maioria das comunidades ribeirinhas, uma vez que constitui uma fonte relativamente barata de proteínas animais, especialmente para as pessoas com baixos rendimentos, sendo frequentemente recomendada para as mulheres grávidas e para as pessoas com carências proteicas. As conchas são utilizadas como fonte de cálcio em alimentos para animais e para fins de construção. Também são pintadas e utilizadas como ornamentos para decorações, constituindo uma indústria importante na região do Delta do Níger, na Nigéria.

Na Nigéria, cerca de doze milhões de toneladas de resíduos de conchas são eliminadas anualmente em terra e nas praias. Uma quantidade considerável destes resíduos de conchas são conchas de pervinca. As conchas de pervinca, deitadas fora após o consumo da parte comestível, geram enormes fontes de resíduos. Sem um sistema de gestão de resíduos adequado, estas cascas sujam os mercados, as zonas residenciais e as lixeiras situadas na localidade, contribuindo assim para a poluição do solo e do ar. A decomposição das conchas resulta na produção de maus cheiros, na lixiviação e na meteorização de metais pesados das lixeiras e na contaminação dos sistemas públicos de água. Durante a decomposição, os organismos portadores de doenças e outros animais em contacto com os resíduos podem propagar doenças, causando assim problemas de saneamento ambiental e ameaçando a saúde pública. Nunca é demais sublinhar o aumento do consumo de marisco de geleia, especialmente nas comunidades costeiras, como uma fonte de proteína saudável. Na região costeira do Delta do Níger, o *Tympanotonusfuscatus,* vulgarmente conhecido como pervinca, encontra-se na grande extensão de mangais, pântanos e lodaçais que caracterizam a região. A sua concha, que constitui cerca de 70% do seu peso, é muito mais dura e resistente do que a de um caracol comum. *O Tympanotonusfuscatus* é um gastrópode prosobrânquio. A população destas zonas consome a parte comestível e deita as conchas fora como resíduos. Poucas pessoas utilizam as conchas. No entanto, muitas destas conchas continuam a ser eliminadas como lixo, constituindo assim problemas de saneamento ambiental em zonas onde não encontram qualquer utilização. Ao longo dos anos, acumularam-se grandes depósitos em muitos locais. Vários autores relataram as caraterísticas de outras variedades de pervinca na literatura. Os resíduos de casca de pervinca têm sido utilizados como agregados para a substituição total ou parcial de lascas de granito, areia e outras formas de agregados para produzir betão leve ou de baixa resistência.

Nunca é demais sublinhar a importância global do betão em praticamente todas as práticas de engenharia civil e obras de construção civil. A crescente preocupação com o esgotamento dos recursos e a poluição global tem desafiado muitos investigadores e engenheiros a procurar e desenvolver novos materiais baseados em recursos renováveis. Estes incluem a utilização de subprodutos e materiais residuais na construção de edifícios. Muitos destes subprodutos são utilizados como agregado para a produção de betão leve. Embora tenha havido muita investigação sobre o desempenho estrutural do betão leve com agregados, esta tem-se limitado principalmente a agregados naturais, agregados manufacturados e agregados de subprodutos industriais. Com a recessão económica mundial associada às tendências inflacionistas do mercado, os materiais constituintes utilizados para estas estruturas conduziram a um custo de construção muito elevado. Por conseguinte, os investigadores em ciência e engenharia dos materiais estão empenhados em obter materiais locais para substituir parcial ou totalmente estes materiais convencionais dispendiosos. Foram feitos muitos progressos neste domínio e o tema está a atrair a atenção devido ao seu benefício funcional de reutilização de resíduos e de desenvolvimento sustentável. A redução dos custos de construção e a capacidade de produzir estruturas leves são vantagens adicionais. Ndoke (ano) avaliou o desempenho das cascas de palmiste como substituto parcial do agregado grosso em betão asfáltico, enquanto Falade (ano) investigou a adequação das cascas de palmiste como agregados em betão leve e denso para fins estruturais e não estruturais. Por exemplo, as lamas provenientes do tratamento da água e das águas residuais industriais e domésticas foram consideradas muito adequadas como substituto económico parcial do cimento em obras de betão e também na produção de tijolos de construção. Outros esforços semelhantes na direção de estratégias de gestão de resíduos incluem o desempenho estrutural do betão utilizando casca de óleo de palma (OPS) como agregado leve. Além disso, outros materiais explorados na substituição parcial de agregados de betão incluem cinzas de ossos de vaca, cascas de palmiste, cinzas volantes, casca de arroz e palha de arroz como materiais pozolânicos. A utilização de cinzas de casca de coco, de espiga de milho e de casca de amendoim como substituto do cimento também foi investigada. A prática da engenharia civil e as obras de construção na Nigéria dependem, em grande medida, do betão. O betão é um dos principais materiais de construção que pode ser entregue no local de trabalho em estado plástico e pode ser moldado no interior ou pré-fabricado em praticamente qualquer forma ou feitio. Os seus constituintes básicos são o cimento, o agregado fino (areia), o agregado grosso (aparas de granito) e a água. Por conseguinte, o custo global da produção de betão depende em grande medida da disponibilidade dos constituintes.

Na Nigéria, um saco de cimento de 50 kg é vendido a um preço quase uniforme, com ligeiros desvios em todos os estados da federação, e os agregados finos estão facilmente disponíveis. No entanto, o custo do betão é diretamente proporcional ao custo das pedras britadas ou dos cascalhos locais, que aumenta de norte para sul. O custo de construção nas áreas do Delta do Níger, especialmente na zona sul-sul, é mais elevado. Assim, são adoptadas alternativas leves para as paredes que não suportam carga e para os pavimentos não estruturais dos edifícios. As pervincas *(Nodilittorina radiata)* são pequenos caracóis marinhos azuis esverdeados com uma concha cónica em espiral e uma abertura redonda. A pervinca vive em média três anos e atinge uma altura de concha de 20 mm, mas a maior pervinca registada atingiu 52 mm. São comuns nas zonas ribeirinhas e nas regiões costeiras da Nigéria, onde são utilizados como alimento. As conchas duras, que são consideradas resíduos e que normalmente representam um incómodo ambiental em termos do seu odor desagradável e do seu aspeto inestético em lixeiras a céu aberto situadas em locais estratégicos, estão agora a ser consideradas como agregados grosseiros em substituição total ou parcial de pedras britadas caras, inacessíveis ou indisponíveis ou de cascalho lavado local. Esta é uma prática habitual entre os residentes médios destas áreas, especialmente quando é necessário betão leve para paredes não estruturais, pavimentos não estruturais, sapatas e outros elementos estruturais não estruturais. Vale a pena sublinhar que o agregado grosso ocupa geralmente cerca de 60% do peso próprio total do betão de peso normal, determinando assim a quantidade de armadura necessária para resistir às forças que actuam no elemento estrutural. Embora existam registos de uma longa utilização das conchas como agregados para betão, pouco ou nenhum esforço foi feito para verificar a resistência e as propriedades do betão feito com estes materiais e os benefícios económicos derivados.

2.2.11 O conceito de bem-estar

O bem-estar não é apenas a ausência de doença ou enfermidade. É uma combinação complexa de factores de saúde física, mental, emocional e social de uma pessoa. O bem-estar está fortemente ligado à felicidade e à satisfação com a vida. Em suma, o bem-estar pode ser descrito como a forma como nos sentimos em relação a nós próprios e à nossa vida.

2.2.11.1 Definição de bem-estar

Não existe consenso em torno de uma única definição de bem-estar, mas há um acordo geral de que, no mínimo, o bem-estar inclui a presença de emoções e estados de espírito positivos (por exemplo, contentamento, felicidade), a ausência de emoções negativas (por exemplo, depressão, ansiedade), a satisfação com a vida, a realização e o funcionamento positivo (Frey &Stutzer, 2002). Em termos simples, o bem-estar pode ser descrito como uma avaliação positiva da vida e como sentir-se bem. Para efeitos de recolha e comercialização da pervinca, o bem-estar físico (por exemplo, sentir-se muito saudável e cheio de energia) também é considerado fundamental para o bem-estar geral. Investigadores de diferentes disciplinas examinaram diferentes aspectos do bem-estar, que incluem os seguintes (Diener, 2000)

1. Bem-estar físico
2. Bem-estar económico
3. Bem-estar social
4. Desenvolvimento e atividade
5. Bem-estar emocional
6. Bem-estar psicológico
7. Satisfação com a vida
8. Satisfação específica do domínio
9. Actividades e trabalho envolventes

Por vezes, distinguem-se diferentes tipos de bem-estar, como o bem-estar mental, o bem-estar físico, o bem-estar económico e o bem-estar emocional (Fletcher, 2015). As diferentes formas de bem-estar estão muitas vezes estreitamente interligadas. Por exemplo, um melhor bem-estar económico (ou seja, ter mais saúde) tende a estar associado a um melhor bem-estar emocional, mesmo em situações adversas (Kahneman & Deaton, 2010). O bem-estar desempenha um papel central, pelo menos até certo ponto, no que faria a vida de alguém melhorar ou piorar (Fletcher, 2015). Não existem outros valores para além do bem-estar (Crisp, 2017). O bem-estar está enraizado no valor e na ética. Relativamente às mulheres que recolhem e comercializam pervinca no Estado de Bayelsa, o consumo excessivo de álcool, a crença em culturas detestáveis e outras crenças desdenhosas acabariam por levar à degradação do bem-estar dos membros da comunidade e, por conseguinte, à causa do nosso estudo

2.2.11.2 Factores que influenciam o bem-estar

O bem-estar é um resultado positivo que é significativo para as pessoas sentirem que as suas vidas estão a correr bem. Boas condições de vida (por exemplo, habitação, emprego) são fundamentais para o bem-estar. O acompanhamento destas condições é importante para as políticas públicas. No entanto, muitos indicadores que medem as condições de vida não conseguem medir o que as pessoas pensam e sentem sobre as suas vidas, tais como a qualidade das suas relações, as suas emoções positivas e resiliência, a realização do seu potencial, ou a sua satisfação global com a vida, ou seja, o seu bem-estar (Diener &Seligman, 2004). O bem-estar inclui geralmente um julgamento global da satisfação com a vida e sentimentos que vão desde a depressão à alegria (Diener, Scollon & Lucas, 2009). Todos os aspectos da sua vida influenciam o seu estado de bem-estar. Os investigadores que estudam a felicidade descobriram que os seguintes factores aumentam o bem-estar de uma pessoa

i. Relação íntima e feliz com um parceiro.

ii. Rede de amigos próximos.

iii. Uma carreira agradável e gratificante

iv. Liberdade financeira

v. Exercício regular

vi. Dieta nutricional

vii. Dormir o suficiente

viii. Crenças espirituais ou religiosas

ix. Passatempos e actividades de lazer divertidos

x. Autoestima saudável

xi. Perspectivas optimistas

xii. Objectivos realistas e realizáveis

xiii. Sentido de objetivo e significado

xiv. Um sentimento de pertença

xv. Capacidade de adaptação à mudança

xvi. Viver numa sociedade justa e democrática.

2.2.11.3 O papel do bem-estar no marketing da pervinca

O bem-estar integra a saúde (mente) e a saúde física (corpo), o que resulta numa abordagem mais holística da vida. O bem-estar é uma medida válida de resultados para a população, para além da morbilidade, da mortalidade e do estatuto económico, que nos diz como as pessoas consideram que a sua vida está a correr na sua própria perspetiva (Diener, Lucas, Schimmack & Helliwell, 2009). Os progressos da psicologia, da neurociência e da teoria da medição sugerem que o bem-estar pode ser medido com algum grau de exatidão.

Os resultados de estudos transversais, longitudinais e experimentais revelam que o bem-estar está associado a (Lyubomrisky, King & Diener, 2005);

i. Auto-perceção da saúde.

ii. Longevidade

iii. Comportamentos saudáveis

iv. Bem-estar mental e físico

v. Ligação social

vi. Produtividade

vii. Factores do ambiente físico e social

O bem-estar pode fornecer uma métrica comum que pode ajudar os decisores políticos a moldar e comparar o efeito de diferentes políticas (Diener, Lucas, Schimmack & Helliwell, 2009). Medir, acompanhar e promover o bem-estar pode ser útil para várias partes interessadas envolvidas na recolha e comercialização da pervinca. O bem-estar está associado a numerosos benefícios relacionados com o emprego, a família e a economia (Lyubomirsky, King & Diener, 2005). Por exemplo, um nível mais elevado de bem-estar está associado a uma diminuição do risco de doenças, enfermidades e lesões, a um melhor funcionamento do sistema imunitário, a uma recuperação mais rápida e a uma maior longevidade (Pressman & Cohen 2005). Os indivíduos com um elevado nível de bem-estar são mais produtivos no trabalho e têm maior probabilidade de contribuir para as suas comunidades (Frey & Stutzer, 2002).

Estudos anteriores apoiam a ideia de que a componente de efeito negativo do bem-estar está fortemente associada ao neuroticismo e que a componente de afeto positivo tem uma associação semelhante com a versão extra (Diener & Lucas, 2013). Esta investigação também apoia o ponto de vista de que as emoções positivas, componentes centrais do bem-estar, não são meramente o oposto das emoções negativas, mas são dimensões independentes da saúde mental que podem e devem ser promovidas. Embora uma proporção substancial da variação no bem-estar possa ser atribuída a factores hereditários, os factores ambientais desempenham um papel igualmente, se não mais importante.

2.2.11.4 A relação entre o bem-estar e a colheita de pervinca

O bem-estar é mais do que a ausência de doença; é um recurso que permite às pessoas realizarem as suas aspirações, satisfazerem as suas necessidades e lidarem com o ambiente de forma a viverem uma vida longa, produtiva e frutuosa (Herman, Saxena &Moodie, 2010). Neste sentido, a recolha de pervinca permite o desenvolvimento social, económico e pessoal e o bem-estar fundamental. Os recursos ambientais e sociais para a saúde podem incluir a paz, a segurança económica, um ecossistema estável e uma habitação segura; os recursos individuais para a saúde incluem.

2.2.11.5 Determinantes do bem-estar a nível individual

Não existe um único fator determinante do bem-estar individual, mas, em geral, o bem-estar depende de uma boa saúde, de relações sociais positivas e da disponibilidade e acesso a recursos básicos (por exemplo, habitação, rendimento, etc.). Numerosos estudos examinaram as associações entre os factores determinantes dos níveis de bem-estar individual e nacional. Muitos destes estudos utilizaram diferentes medidas de bem-estar (por exemplo, satisfação com a vida, afeto positivo, bem-estar psicológico) e diferentes metodologias, o que resultou em resultados por vezes inconsistentes em relação ao bem-estar e aos seus preditores (Veenhoven, 2008). Em geral, a satisfação com a vida depende mais da satisfação das necessidades básicas (alimentação, habitação, rendimento), bem como do acesso a comodidades modernas (por exemplo, eletricidade). As emoções agradáveis estão mais associadas à existência de relações de apoio (Diener, Lucas, Schimmack & Heliwell, 2009).

2.2.12.1 Demografia das mulheres que se reúnem em pervinca

O sector aquático é uma fonte significativa de alimentos marinhos e de subsistência para muitas pessoas que vivem nas comunidades costeiras, uma vez que fornece a proteína animal necessária para o crescimento e o rendimento de muitos agregados familiares nestas comunidades (Akinrotimi *et al.,* 2007). As mulheres têm desempenhado um papel vital nas actividades relacionadas com a pesca de marisco em todo o mundo, especialmente no ambiente costeiro, onde estas actividades são classificadas principalmente de três formas: pesca, transformação e comercialização (Olufayo, 2012). O seu papel na produção alimentar tornou-se mais relevante como forma de reduzir a pobreza e aumentar a segurança alimentar. Em todo o mundo, tem-se observado que as mulheres das comunidades costeiras participam ativamente na pesca e nas actividades com ela relacionadas, desempenhando também um papel na manutenção das suas famílias (Nwabeze *et al.,* 2013). O envolvimento crucial das mulheres na ocupação baseada nos recursos naturais nas comunidades tem sido aceite há muito tempo, mas não é reconhecido e não é valorizado como a contribuição dos homens (Obetta et al., 2007). As mulheres nas áreas participam ativamente no subsector tradicional da economia da pesca de marisco. Estão totalmente envolvidas ou desempenham um papel complementar ao dos homens no sustento das suas famílias. A pesca é uma atividade importante, que predomina nas zonas costeiras do Estado de Rivers, o papel das mulheres nas actividades relacionadas com a pesca nestas áreas é muito crucial e crítico para a economia global do Estado, uma vez que serve como um instrumento importante para aumentar a segurança alimentar e melhorar os meios de subsistência das pessoas nestas comunidades.

2.2.12.2 Fator educativo e recolha de pervinca

Os analfabetos são reconhecidos como aqueles que mais participam na recolha de pervinca. Esta atividade é considerada como o único meio de subsistência, uma vez que é altamente impossível ter empregos circulares.

2.2.12.3 Recolha de idade e pervinca

A meia-idade está maioritariamente envolvida na recolha de pervinca. Esta fase é uma fase de parentalidade precoce e de assunção de responsabilidades.

2.2.12.4 Estatuto socioeconómico e colheita de pervinca

As pessoas que se dedicam à apanha da pervinca são relativamente pobres ou têm poucas ou nenhumas fontes de rendimento. É colhida nos pântanos por mulheres e vendida a retalho por pequenos comerciantes que retiram a carne das conchas para venda. A maioria das comunidades marinhas na Nigéria também ganha uma quantia razoável de dinheiro anualmente com a pesca e a venda destes produtos do mar, o que, por sua vez, tem contribuído para o desenvolvimento económico das áreas. Benson e Omelecha (2009) descobriram que o envolvimento das mulheres rurais num trabalho rural varia significativamente, dependendo da situação e das circunstâncias que as rodeiam. O estudo concordou com Simeon (2014), que constatou que as variáveis demográficas das mulheres são factores-chave que as levam a ocupações servis com a intenção de sobreviver, tal como os outros.

2.2.12.5 Estado civil das mulheres e recolha de pervinca

As mulheres envolvidas na recolha de caramujos são tanto casadas como solteiras. As mulheres casadas dedicam-se a esta atividade como ocupação e como meio de subsistência para se sustentarem a si próprias e às suas famílias, enquanto as solteiras também o fazem como ocupação e como fonte de rendimento.

A Área de Governo Local de Ogbia é uma das oito LGAs do estado de Bayelsa, no sul da Nigéria, com sede na cidade de Ogbia. As cidades e aldeias que compõem a LGA de

Ogbia incluem Otuoke, Emakalakala, Imiringi, Oloibiri, Opume, Eboh, Elebele, Obeduma, Oruma, Otuasega, Emeyal, Ibelebiri, etc. A população estimada de Ogbia LGA é de 184 915 habitantes, sendo a área maioritariamente ocupada por membros da subdivisão Ogbia do grupo étnico Ijaw. O dialeto Ogbia da língua Ijaw é amplamente falado na LGA, enquanto a religião cristã é amplamente praticada na região. Matthew e Ngei (2016) concluem que a venda da casca da pervinca tem sido uma fonte de rendimento muito fiável para as mulheres casadas com baixos rendimentos, embora a venda da pervinca tenha proporcionado emprego às mulheres, especialmente entre a população sem instrução.

As principais actividades da população de Ogbia são a pesca, a agricultura, a moagem de óleo de palma, a exploração madeireira, a extração de vinho de palma, o fabrico local de gin, o comércio, a escultura e a tecelagem. O Estado de Bayelsa é uma importante zona produtora de petróleo e gás, contribuindo com mais de 30% da produção petrolífera da Nigéria. O Estado de Bayelsa é o berço de Oloibiri, na área do governo local de Ogbia, onde o petróleo foi extraído pela primeira vez na Nigéria em quantidades comerciais, em 1956. As actividades de produção de gás estão atualmente a ser intensificadas no Estado como matéria-prima para as instalações de fornecimento de gás GNL em Bonny, que se situa na área da administração local de Oluasiri. Além disso, o gás alimentará as redes nacionais propostas de recolha de gás associado que alimentarão outras fábricas de GNL, centrais eléctricas e utilizadores finais no sector transformador. As principais empresas de exploração e produção de petróleo que operam no Estado são a Shell, a Agip, a Chevron e a Texaco. O projeto de turbinas a gás de Kolo Creek, propriedade do Governo do Estado de Bayelsa, fornece eletricidade a Yenagoa, a capital do Estado, e às cidades e aldeias circundantes. O Estado de Bayelsa é, atualmente, o único Estado da Nigéria que fornece eletricidade a si próprio sem recorrer à rede nacional de eletricidade.

2.2.13 Conceito de mulher

As mulheres são agentes activos da mudança económica e social e da proteção do ambiente que, de muitas formas e em vários graus, estão limitadas nos seus papéis de agricultoras, produtoras, investidoras, prestadoras de cuidados e consumidoras. As mulheres desempenham um papel fundamental no apoio aos seus agregados familiares e às suas comunidades para alcançar a segurança alimentar e nutricional, gerar rendimentos e melhorar os meios de subsistência e o bem-estar geral. Contribuem para a agricultura e as empresas e alimentam as economias locais e globais. Como tal, são intervenientes activos na realização dos ODM. No entanto, todos os dias, em todo o mundo, as mulheres e as raparigas enfrentam constrangimentos estruturais persistentes que as impedem de usufruir plenamente dos seus direitos humanos e dificultam os seus esforços para melhorar as suas vidas, bem como as dos outros à sua volta. Neste sentido, são também um grupo-alvo importante para os ODM.

As mulheres passam mais tempo do que os homens e as mulheres urbanas no trabalho reprodutivo e doméstico, incluindo o tempo gasto a obter água e combustível, a cuidar das crianças e dos doentes e a processar alimentos. Isto deve-se às deficiências das infra-estruturas e dos serviços, bem como aos papéis culturalmente atribuídos que limitam severamente a participação das mulheres nas oportunidades de emprego. Confrontadas com a falta de serviços e infra-estruturas, as mulheres suportam grande parte do fardo de fornecer água e combustível para as suas famílias.

Apesar de as taxas globais de emprego das mulheres serem mais baixas, entre as mulheres empregadas, a proporção que trabalha na agricultura, por oposição a outros sectores, é geralmente igual ou superior à equivalente masculina. Quase 70 por cento das mulheres empregadas no Sul da Ásia e mais de 60 por cento das mulheres empregadas na África Subsariana trabalham na agricultura (Obetta *et al.*, 2007). O envolvimento substancial das mulheres na agricultura, principalmente como trabalhadoras familiares não remuneradas ou contribuintes, realça a importância de desenvolver políticas e programas que respondam às necessidades, interesses e constrangimentos das mulheres e dos homens no sector agrícola. Tal inclui a reformulação e o reforço dos sistemas de extensão, de modo a que estes respondam melhor às necessidades das mulheres e as incluam, a eliminação dos obstáculos estruturais ao acesso das mulheres aos recursos produtivos e a melhoria dos sistemas financeiros para responder às necessidades das mulheres produtoras e empresárias, nomeadamente para que estas saiam dos segmentos menos produtivos da economia.

Em média, as mulheres representam cerca de 43% da força de trabalho agrícola nos países em desenvolvimento. As provas indicam que, se estas mulheres tivessem o mesmo acesso aos recursos produtivos que os homens, poderiam aumentar o rendimento das suas explorações agrícolas em 20 a 30%, aumentando a produção agrícola total nos países em desenvolvimento em 2,5 a 4%, o que, por sua vez, reduziria o número de pessoas com fome no mundo em 12 a 17%. Para homens e mulheres, a terra é talvez o bem mais importante do agregado familiar para apoiar a produção e garantir a segurança alimentar, nutricional e de rendimento. No entanto, uma comparação internacional dos dados do recenseamento agrícola mostra que, devido a uma série de restrições legais e culturais em matéria de herança, propriedade e utilização da terra, menos de 20% dos proprietários de terras são mulheres. As mulheres representam menos de 5% de todos os proprietários de terras agrícolas no Norte de África e na Ásia Ocidental, enquanto na África Subsariana, as mulheres representam em média 15% dos proprietários de terras agrícolas. Dados extensivos mostram que as famílias chefiadas por mulheres também têm um acesso mais limitado do que as famílias chefiadas por homens a toda uma gama de bens e serviços produtivos essenciais necessários para a subsistência, incluindo fertilizantes, gado, equipamento mecânico, variedades de sementes melhoradas, serviços de extensão e educação agrícola. Do mesmo modo, em sete dos nove países de África, Ásia e América Latina, as famílias chefiadas por mulheres têm menos probabilidades de recorrer ao crédito do que as famílias chefiadas por homens.

2.3 Literatura empírica

Agbede e Manasseh (2009) realizaram um estudo sobre a adequação da concha de pervinca como substituto parcial do cascalho de rio no betão. Foi investigada a adequação das conchas de pervinca, um pequeno caracol marinho gastrópode (molusco), como substituto do cascalho de rio na produção de betão. Foram determinadas e comparadas as propriedades físicas e mecânicas das conchas e da gravilha de rio bem graduada. Foram preparados cubos de betão utilizando proporções de 1:0, 1:1, 1:3, 3:1 e 0:1 de concha de pervinca para gravilha de rio, em peso, como agregado grosso. Foram efectuados ensaios de resistência à compressão nos cubos de betão de cascalho de pervinca. A densidade aparente das cascas de pervinca foi de 515 kg/m3 e a da gravilha de rio foi de 1611 kg/m3. Os valores de impacto agregado das cascas de pervinca e da gravilha de rio foram de 58,59 % e 27,1 %, respetivamente. Os cubos de betão apenas com cascas de pervinca como agregado grosso eram mais leves e com menores resistências à compressão em comparação com os que tinham outras propriedades de pervinca: gravilha. A densidade aos 28 dias e a resistência à compressão da pervinca foram de 1944 kg/m3 e 13,05 N/mm2, respetivamente. A densidade, a trabalhabilidade e a resistência à compressão do betão de caramujo aumentaram com a inclusão crescente de gravilha de rio. A partir deste estudo, pode concluir-se que as cascas de pervinca podem ser utilizadas como substituto parcial da gravilha de rio em obras de construção normais, especialmente em locais onde a gravilha de rio é escassa e as cascas de pervinca estão facilmente disponíveis.

Davies, Allison e Uyi (2006) investigaram a bioacumulação de metais pesados na água, sedimentos e pervinca *(Tympanotonusfuscatus var radula)* do riacho Elechi, Delta do Níger. Foi estudada a acumulação de três metais pesados: crómio (Cr), cádmio (Cd) e chumbo (Pb) na pervinca *(Tympanotonusfuscatus var radula;* concha e tecidos moles), na água e nos sedimentos recolhidos em quatro estações ao longo do curso do riacho Elechi. O riacho Elechi recebe descargas de efluentes de povoações fortemente industrializadas e altamente povoadas. A água, o sedimento e os caramujos foram processados e analisados para metais pesados e os resultados mostraram que o sedimento concentrava mais metais pesados do que a água, enquanto os caramujos acumulavam mais destes metais do que o sedimento. O Cr foi o metal pesado mais concentrado tanto nos caramujos normais como nos depurados. O fator de concentração biológica (BCF) revelou que estas pervincas têm um elevado potencial para concentrar metais pesados nas suas conchas e tecidos moles, sendo diretamente proporcional aos seus tamanhos. No entanto, as concentrações de metais pesados observadas nestes animais são inferiores aos limites recomendados para consumo humano. Este estudo defende, por conseguinte, a vigilância ambiental deste riacho, a fim de se obter uma boa qualidade dos sedimentos e pervincas isentas de contaminantes para uma saúde humana segura.

Outro estudo foi efectuado por Otitoju e Otitoju (2013) sobre as concentrações de metais pesados em amostras de água, sedimentos e pervinca (*Tympanotonusfuscastus*) colhidas na região do Delta do Níger, na Nigéria. A poluição por metais pesados dos ambientes terrestres e aquáticos na região do delta do Níger, na Nigéria, está a aumentar devido ao aumento da urbanização e à exploração de petróleo bruto. *Os Tympanotonusfuscastus* são habitantes da lama e podem bioacumular metais pesados; por conseguinte, o consumo de alimentos marinhos contaminados com metais pesados, como a pervinca, pode gerar muitos problemas de saúde. A concentração de metais pesados em amostras de água, sedimentos e caramujos de três locais (rio Itu, rio Abuloma e rio Oron) na região do delta do Níger, na Nigéria, foi avaliada utilizando fotometria de chama de absorção atómica. Os resultados mostraram que a concentração de cádmio (Cd) era mais elevada nas amostras de água do rio Abuloma (0,106 mg/l), enquanto a concentração de chumbo (Pb) era mais elevada (0,01mg/l) nas amostras de água do rio Itu. As concentrações de Cd e Pb (0,127 e 0,08 mg/kg, respetivamente) em amostras de sedimentos foram mais altas no rio Abuloma. A concentração de Cd nas amostras de T. fuscastus foi de 0,11 mg/kg no rio Abuloma, enquanto a concentração foi de 0,27 mg/kg no rio Oron. O cobre (Cu) era geralmente baixo nas amostras de água; a concentração mais elevada (0,011 mg/kg) foi obtida em amostras de água do rio Oron. A concentração de Cu nos sedimentos foi elevada (0,088 mg/kg) no rio Itu, enquanto a sua concentração nas amostras de pervinca foi de 0,54 mg/kg no rio Abuloma. Os resultados também mostraram que Cr, As e Hg estavam abaixo da concentração detetável em tecidos, amostras de solo e água dos rios Itu e Abuloma, enquanto a concentração de Hg no sedimento do rio Oron era de 64,2 mg/kg.

Aimikhe e Lekia (2021) examinaram uma panorâmica das aplicações das cascas de pervinca *(Tympanotonusfuscatus)*. Os resíduos gerados pela casca da pervinca *(Tympanotonusfuscatus)* não podem ser subestimados. Nas comunidades costeiras de todo o mundo, a pervinca é uma fonte importante de proteínas e outros minerais vitais na maioria das iguarias. As conchas destas espécies aquáticas, notáveis pelo seu fornecimento de nutrientes, contribuem para a degradação ambiental devido à sua eliminação indiscriminada. A ausência de um programa adequado de gestão de resíduos leva ao entupimento das drenagens, resultando em inundações. Este estudo analisa as várias vias através das quais a concha *de Tympanotonusfuscatus* pode ser processada e utilizada. A revisão foi realizada para sintetizar o atual corpo de conhecimentos na área da investigação, de modo a ajudar a apresentar uma perspetiva adequada à utilização da casca da pervinca. O estudo mostrou que a casca da pervinca pode ser utilizada diretamente como substituto parcial de agregados grossos e cimento no betão e na adsorção de metais pesados de águas residuais. A casca é também um substituto adequado para o amianto na produção de calços de travões. Perspectivas de investigação futura na utilização da casca de pervinca como matéria-prima.

Ubong e Godwin (2017) estudaram a avaliação das propriedades físico-químicas da cinza de casca de pervinca como substituto parcial do cimento no betão. Este artigo relata a avaliação das propriedades físico-químicas da cinza de casca de pervinca como substituto do cimento no betão. As propriedades físicas, como a gravidade específica, a finura, a densidade aparente e o teor de humidade da cinza de casca de pervinca, foram determinadas e comparadas com as especificações da Sociedade Americana de Ensaios e Materiais. A composição química da cinza foi determinada e comparada com as especificações da sociedade americana de ensaios e materiais. A resistência à compressão da percentagem de substituição do cimento por cinzas de casca de pervinca de 0, 10, 20,

30 e 40% aos 28 dias de cura também foi determinada com uma proporção de mistura de 1:1:2 e 1:2:4. A cinza de casca de pervinca calcinada a 800 e 1000 °C apresenta resultados satisfatórios em termos de finura, composição química e índice de atividade de resistência à compressão a 28 dias e pode ser utilizada como substituição parcial do cimento na preparação do betão.

Solomon, Amed e Kunzmann (2018) investigaram a avaliação da relação comprimento-peso e o fator de condição de uma *espécie de molusco* comercialmente importante, a pervinca, Tympanotonusfuscatus, do estuário de Okrika. Um total de 120 amostras da espécie foram colhidas à mão no ecossistema de mangue de Okrika. Os resultados obtidos mostraram que as espécies de gastrópodes apresentavam padrões de crescimento alométrico negativo com um expoente de crescimento, valor b de 2,18. Este valor foi confirmado como alométrico negativo, porque era significativamente diferente ($p<0,05$) de 3 quando foi efectuado um teste t. O fator de condição médio, K, das espécies foi de 18,9, o que indica que se encontravam em boas condições durante o período de amostragem. Este estudo recomenda a realização de mais investigação, uma vez que a duração da amostragem (4 meses) pode ser demasiado pequena para se chegar a uma conclusão válida, rígida e concreta. Além disso, devem ser envidados esforços para reduzir a carga poluente, a fim de salvaguardar este recurso valioso para a população local.

Paul, Ekop e Simonyan (2022) investigaram algumas propriedades físicas da carne seca de pervinca *tympanotosusfuscatus* e *pachymelaniaaurita*. A pervinca serve de alimento sobretudo para as pessoas das zonas costeiras da Nigéria, tornando-se um ingrediente essencial na preparação de várias iguarias. A transformação da pervinca tem sido efectuada através de métodos tradicionais, utilizando uma faca e uma agulha para extrair a carne da casca. A transformação tradicional da pervinca é fastidiosa, perigosa, demorada, pouco saudável e pouco económica. Este estudo determina o efeito dos métodos de secagem (secagem em armário e em forno) nas propriedades físicas dos tipos de pervinca. A intenção é ajudar a resolver os desafios de conceção de máquinas, processamento, manuseamento e armazenamento da pervinca. As amostras de carne de pervinca foram secas utilizando os métodos de secagem em armário e em estufa. A secagem das duas variedades de amostras de carne de pervinca *(Tympanotosusfuscatus* e *Pachymelaniaaurita)* foi feita a cerca de 105°C durante 3 horas num secador de estufa eléctrica. A temperatura ambiente durante a secagem em estufa foi de 31°C, e a humidade relativa ambiente de 57%. Durante a utilização do secador de armário, a temperatura foi de cerca de 60°C durante 10 horas, com a temperatura ambiente e a humidade relativa a 33,3°C e 61%, respetivamente. Algumas pervincas secas foram selecionadas das amostras para determinar as propriedades geométricas e gravimétricas das duas variedades de pervinca. Os resultados da ANOVA mostraram uma diferença significativa ($p<0,05$) nas propriedades físicas das variedades entre a amostra fresca, as amostras secas em estufa e as amostras secas em armário. Assim, os métodos de secagem em estufa e em armário são recomendados para uma secagem adequada da carne de pervinca antes do armazenamento. As propriedades físicas determinadas no estudo podem ser utilizadas como parâmetros de entrada para a conceção de equipamento de processamento eficiente para a carne de pervinca.

Nwanonenyi, Obidiegwu e Onuegbu (2013) investigaram os efeitos dos tamanhos das partículas, dos teores de carga e da compatibilização nas propriedades do pó de casca de pervinca preenchido com polietileno linear de baixa densidade. O compósito termoplástico foi preparado a partir de polietileno linear de baixa densidade e pó de casca de pervinca (psp) de vários tamanhos de partículas (75μm, 125μm e 150μm) usando máquina de moldagem por injeção com e sem agente de capitalização e algumas de suas propriedades mecânicas foram estudadas. O anidrido maleico foi utilizado como compatibilizador, que actua como agente interfacial entre o PEBDL e as fases de carga orgânica. As propriedades mecânicas do polietileno linear de baixa densidade preenchido foram investigadas com cargas de 0 a 30 % em peso. Além disso, foram investigados os efeitos das dimensões das partículas e dos teores de compatibilizante (0,5 a 2,5 wt %) em algumas propriedades mecânicas dos compósitos. Os parâmetros mecânicos investigados nas amostras de compósitos preparadas incluem: resistência à tração, alongamento na rutura, módulo de tração, resistência à flexão, resistência ao impacto e dureza. Os resultados experimentais mostraram que o desempenho mecânico excecional, especialmente o alongamento na rutura (valores mais baixos), e a resistência à tração, o módulo, a dureza, a resistência à flexão, a resistência ao impacto (valores mais elevados) foram obtidos com o aumento do teor de carga e do teor de compatibilizante em partículas de tamanho inferior.

Oyeni e Badmus (2019) realizaram um estudo sobre as mulheres rurais e o nível de rendimento dos agricultores em Ekermor LGA, Bayelsa. O estudo centrou-se em todas as mulheres da área em uma atividade agrícola (com pescadores) ou outra. As mulheres foram amostradas através de uma técnica de amostragem aleatória simples. O estudo revelou que o efeito da recolha de caramujos nas pessoas com baixos rendimentos, especialmente na zona rural, não pode ser demasiado enfatizado, uma vez que a comercialização de caramujos se tornou uma fonte de rendimento dependente e uma fonte de carne. Também lhes serviu como fonte de pagamento de facturas. Do mesmo modo, Onyekachi (2010) realizou um estudo para descobrir os desafios com que se confrontam as actividades agrícolas das mulheres rurais em Sagbama LGA do Estado de Bayelsa. O estudo revelou que os vários desafios com que se confronta a apanha da pervinca são o custo elevado e a fraca rentabilidade do negócio, a insuficiência de mão de obra qualificada, a aplicação do método manual na transformação da carne, bem como a fraca aplicação tecnológica no processo.

Adewuyi e Adegoke (2014) examinaram o estudo exploratório das cascas de pervinca como agregados grosseiros em obras de betão. Este artigo relata o estudo exploratório sobre a adequação das cascas de pervinca como substituto parcial ou total do granito em obras de betão. As propriedades físicas e mecânicas das cascas de pervinca e do granito triturado foram determinadas e comparadas. Um total de 300 cubos de betão com dimensões de 150 x 150 x 150 mm3 com diferentes percentagens em peso de granito triturado e de cascas de pervinca como agregado grosseiro na ordem de 100:0, 75:25, 50:50, 25:75 e 0:100 foram moldados, testados e as suas propriedades físicas e mecânicas foram determinadas. Os testes de resistência à compressão mostraram que 35,4% e 42,5% das cascas de pervinca em substituição do granito foram bastante satisfatórios, sem comprometer os requisitos de resistência à compressão para as proporções de mistura de betão 1:2:4 e 1:3:6, respetivamente. Isto corresponde a uma economia de 14,8% e 17,5% para as misturas de betão 1:2:4 e 1:3:6, respetivamente.

2.4 Resumo da literatura analisada

O estudo avaliou o efeito da recolha e comercialização da pervinca no bem-estar das mulheres na área governamental local de Ogbia, Estado de Bayelsa, com vista à elaboração de políticas adequadas e à implementação de programas. O estudo baseou-se na abordagem dos meios de subsistência, na teoria da procura e da oferta de Adam Smith e na teoria do novo crescimento. Alguns conceitos foram também analisados de forma vívida no âmbito do quadro concetual. Estes incluem: conceito de pervinca, habitat da pervinca, hábitos alimentares da pervinca, ciclo de vida da pervinca, tipos de pervinca, valor nutricional da pervinca, métodos de conservação da pervinca, habitat aquático da pervinca, utilizações da pervinca, propriedades físico-químicas da pervinca, Valor comercial da pervinca (para alimentação e trabalho), Conceito de bem-estar, definição de bem-estar, factores que influenciam o bem-estar, papel do bem-estar na comercialização da pervinca, relação do bem-estar com a promoção da saúde, determinantes do bem-estar a nível individual. Demografia das mulheres que colhem pervinca, fator educativo e colheita de pervinca, idade e colheita de pervinca, estatuto socioeconómico e colheita de pervinca, estado civil das mulheres e colheita de pervinca, actividades socioeconómicas das mulheres de Ogbia e conceito de mulher. Foram também realizados alguns estudos por académicos no âmbito da análise empírica.

CAPÍTULO 3: METODOLOGIA

3.1 A área de estudo

A área de estudo foi a zona governamental local de Ogbia do Estado de Bayelsa. Bayelsa é um dos estados da parte sul da Nigéria e tem oito (8) áreas governamentais locais. Faz fronteira com o Estado de Rivers a leste e com o Estado de Delta a oeste, com as águas do Oceano Atlântico a dominarem as suas fronteiras a sul. Tem uma área total de 10,77 quilómetros^2 . O Estado situa-se geograficamente na latitude 4°15' Norte e na latitude 5°23' Sul. O Estado foi criado pelo Governo Militar Federal do General Sanni Abacha a 1 de outubro de 1996, a partir do antigo Estado de Rivers, e tem a sua capital em Yenagoa. O seu nome deriva das primeiras letras dos nomes das três antigas áreas governamentais locais a partir das quais foi formado: Brass LGA (BALGA), Yenagoa LGA (YELGA) e Sagbama LGA (SALGA). O Estado de Bayelsa é constituído por três zonas senatoriais\distritos, a saber, Bayelsa Leste, que inclui as zonas administrativas locais de Ogbia, Nembe e Brass, Bayelsa Oeste, que inclui as zonas administrativas locais de Ekeremor e Sagbama, e Bayelsa Central, que inclui as zonas administrativas locais de Yenegoa, Kolokuma-Opokuma e Southern-Ijaw. A então Brass LGA é o que constitui as actuais áreas da administração local de Nembe, Brass e Ogbia; a então Yenagoa LGA é constituída pelas actuais áreas da administração local de Yenagoa, Kolokuma-Opokuma e Southern-Ijaw e a então Sagbama LGA é o que constitui as actuais áreas da administração local de Sagbama e Ekeremor. O Estado é o mais pequeno da Nigéria em termos de população segundo o censo de 2006. De acordo com a Comissão Nacional da População (censo de 2006), o Estado de Bayelsa tem uma população de cerca de 1.704.515 pessoas.

A Área de Governo Local de Ogbia está localizada na cidade de Ogbia, com os distritos de Ogbia. Okodi, Ologi, Obibiri, kolo, Anyama, Imingri, Opume, Otakeme, Otuabula e Emeyal e pertence à Zona Senatorial Leste de Bayelsa. A zona de estudo situa-se aproximadamente entre as latitudes N4 0 33' e N4 0 45' e as longitudes E6 0 15'e E6 0 29'. A topografia de Ogbia é baixa, com elevações abaixo do nível do mar no flanco sudoeste até cerca de 20 m acima do nível do mar mais para o interior. Situa-se nas unidades geomórficas de pântano de água doce e salgada da bacia sedimentar do Delta do Níger. As principais actividades da população de Ogbia são a pesca, a apanha de pervinca, a caça de caracóis, etc., razão pela qual Ogbia é um dos principais fornecedores de pervinca no Estado de Bayelsa. A topografia e o ambiente da área de estudo são favoráveis às actividades agrícolas, que incluem a produção de culturas, a criação de gado e a piscicultura, bem como a extração de vinho de palma, o fabrico local de gin, a escultura, a tecelagem e o comércio, que contribuíram para o grupo económico da área de estudo.

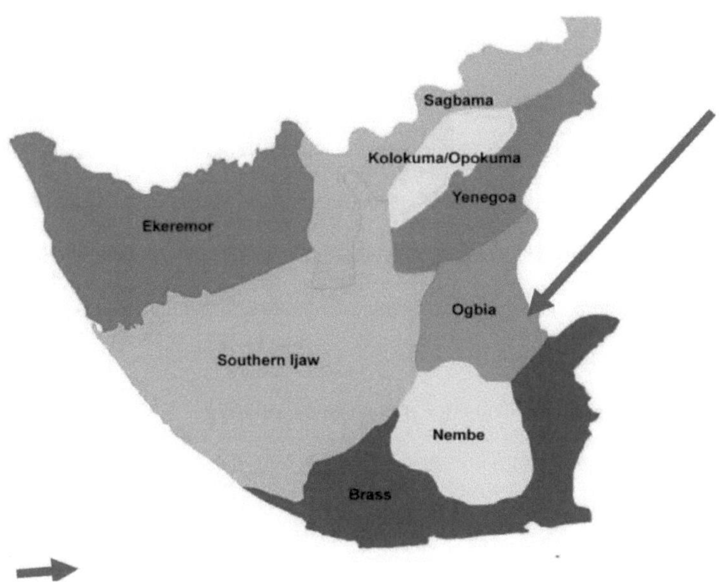

Fig 3.1: Mapa do Estado de Bayelsa mostrando Ogbia LGA Fonte: Adaptado de http//nigeriagalleria.com (2022).

3.2 Conceção da investigação

O estudo adoptou um modelo de investigação descritiva para investigar o efeito percebido da recolha e comercialização da pervinca no bem-estar das mulheres na zona governamental local de Ogbia, Estado de Bayelsa. Tal como o nome indica, uma conceção de investigação descritiva é aquela que exige que o investigador recolha dados de uma grande amostra extraída de uma determinada população e descreva certas caraterísticas da amostra tal como se encontram no momento do estudo e que são de interesse para o investigador, mas sem manipular quaisquer variáveis independentes do estudo (Nwankwo, 2013).

3.2 População do estudo

A população do estudo é constituída por todos os membros registados das sociedades cooperativas de recolha e comercialização de pervinca em Ogbia, no Estado de Bayelsa. O estudo centra-se nas mulheres que se dedicam à recolha e comercialização da pervinca, uma vez que os membros pertencem a sociedades cooperativas de recolha de pervinca ou a sociedades cooperativas de comercialização de pervinca. Na altura do estudo, de acordo com o Ministério da Agricultura e dos Recursos Naturais do Estado de Bayelsa, existiam seis (6) sociedades cooperativas com um número de membros registados de cerca de 302 mulheres.

3.3 Processo de amostragem e dimensão da amostra

Foi utilizado um processo de amostragem em duas fases. Das 6 sociedades cooperativas registadas, foi utilizada uma amostragem aleatória simples proporcional de 50% para selecionar 150 colectores e comerciantes de pervinca na área de estudo. Em primeiro lugar, foi utilizada uma amostragem intencional para selecionar as seis (6) sociedades cooperativas registadas para a recolha e comercialização. Em segundo lugar, foi utilizada uma amostragem aleatória simples proporcional de 50% para selecionar 150 inquiridos. O quadro 3.1 mostra o número de colectores e comerciantes de pervinca selecionados de cada uma das sociedades cooperativas.

Quadro 3.1: Dimensão da amostra selecionada para o estudo

Communities	Cooperative Societies	Population of cooperative	Selected Respondents
Emeyal	Emeyal Fishing and Isam Marketers	77	48
Imiringi	Imiringi Periwinkle Supplier Association	46	23
Oruma (Yibaama)	Fishing and Fishing Businesswomen of Oruma	79	39
Elebele	Elebele Seafoods Women	52	26
Ogbia Town	Ogbia Fishing Dealers	26	13
Otueke	OtuekeSealadies and Fish Farmers	22	11
Total	**6**	**302**	**150**

Source: *Ministry of Agriculture and Natural Resources, Yenagoa, Bayelsa State.*

Field Survey 2023

3.5 Método de recolha de dados

Os dados para este estudo foram recolhidos principalmente a partir de fontes primárias. O instrumento utilizado para a recolha de dados foi um programa de entrevistas intitulado "Effect of Periwinkle Gathering and Marketing on Women Well-being Questionnaire (EPGMOWWQ)" (Questionário sobre o efeito da recolha e comercialização da pervinca no bem-estar das mulheres), que se destinava a descrever as caraterísticas socioeconómicas dos membros das sociedades cooperativas de recolha de pervinca. O questionário baseia-se na idade, nas habilitações literárias, no estado civil, no número de filhos e no rendimento. O instrumento foi estruturado numa escala de classificação de Likert de 4 pontos, variando entre Concordo fortemente = 4, Concordo = 3, Discordo = 2 e Discordo fortemente = 1.

3.6 Validação do instrumento

O instrumento foi validado pelo supervisor da investigação para avaliação crítica utilizando a validade facial e de conteúdo. A essência da validade é permitir que os peritos analisem criticamente a mensurabilidade do instrumento para garantir que este capta as variáveis-chave do estudo e as mede quantitativamente.

3.4 Fiabilidade do instrumento

A fiabilidade do instrumento foi estabelecida através do método de teste-reteste. Para o efeito, foram administradas 10 cópias do instrumento a 10 colectores e comerciantes de pervinca que não farão parte da amostra do estudo para pré-testar o instrumento. Após um intervalo de duas semanas, o instrumento foi novamente aplicado ao mesmo conjunto de pessoas. A fiabilidade foi verificada pelo método estatístico de fiabilidade Alfa de Cronbach. O coeficiente de fiabilidade (r) foi superior a 0,5 para confirmar a fiabilidade do instrumento.

3.8. Medição das variáveis

Objetivo 1: Caraterísticas pessoais e socioeconómicas:

Idade: A idade dos inquiridos foi medida como o número real de anos cronológicos de cada inquirido. A idade foi agrupada da seguinte forma: 18 -27, 28-37, 38 -47,48-57, 58 e superior.

Estado civil: Foi medido a um nível nominal, pedindo aos inquiridos que assinalassem se eram casados, solteiros, viúvos, separados ou divorciados. Foi agrupado da seguinte forma: Solteiro =1, Casado =2, Separado =3, Divorciado = 4, Viúvo =5.

Dimensão do agregado familiar: A dimensão do agregado familiar tem a ver com o número total de pessoas sob o mesmo teto e que se alimentam da mesma panela, pelo que foi obtida pedindo aos inquiridos que assinalassem o número de pessoas no seu agregado familiar e este foi agrupado da seguinte forma: 1-3 = 1, 4-6 = 2, 7-10 = 3, 10 e mais = 4.

Nível de educação: O nível de educação dos inquiridos foi obtido tomando nota do número total de anos passados na escola e foi categorizado como: Sem educação formal = 1; Educação primária = 2; Escola secundária = 3; Educação terciária = *4*. Foi pedido aos inquiridos que assinalassem a categoria a que pertenciam.

Anos de experiência numa recolha de pervinca para comercialização: Isto indica o número real de anos que os inquiridos estão envolvidos nas suas actividades económicas. Foi pedido às mulheres que indicassem há quanto tempo estão envolvidas nas suas actividades económicas; 1-5 anos = 1, 6-10 anos = 2, 11-15 anos = 3.

Nível de rendimento: Tem a ver com o rendimento agregado em naira proveniente das fontes de rendimento primárias e secundárias. Foi pedido aos inquiridos que indicassem o montante que ganham por mês. Este foi agrupado da seguinte forma: ≤ N10, 000.00 =1, N11,000- N30,000.00 =2, N31,000- N50,000.00 =3, N51,000 - N70,000.00 = 4, N71,000- N100,000=5, N100,000 e acima=6

Objetivo 2: Áreas de recolha e comercialização da pervinca: foi pedido aos inquiridos que indicassem as áreas em que estão envolvidos na recolha, venda do peixe, disposição das conchas vazias, etc. Foi pedido aos inquiridos que assinalassem sim ou não.

Objetivo 3: Efeito socioeconómico da colheita e comercialização da pervinca nas mulheres: Este objetivo foi medido pedindo aos inquiridos que indicassem o efeito socioeconómico percebido da colheita e comercialização da pervinca nas mulheres, assinalando as opções nas caixas, utilizando uma escala de classificação de 4 pontos: Concordo fortemente =4, Concordo =3, Discordo =2, Discordo fortemente =1. Obteve-se assim uma média de 2,5, que serviu de regra de decisão. As variáveis >2,50 foram aceites como tendo efeito, enquanto as variáveis <2,50 foram consideradas como não tendo efeito sobre os inquiridos.

Objetivo 4: Determinar o efeito percebido da recolha e comercialização de pervinca no bem-estar das mulheres: Este foi medido perguntando aos inquiridos qual era a sua saúde, educação, habitação, segurança alimentar e segurança financeira antes de participarem na recolha e comercialização de pervincas e qual é a sua situação depois de participarem na recolha e comercialização de pervincas. Esta questão foi analisada utilizando o teste t emparelhado.

Objetivo 5: Identificar os constrangimentos enfrentados pelas mulheres na recolha e comercialização da pervinca na área de estudo. Foram apresentados aos inquiridos diferentes itens de constrangimentos para reagir à insegurança, às políticas governamentais, etc. Os inquiridos foram convidados a exprimir a sua opinião sobre os constrangimentos que enfrentam, assinalando as opções nas caixas, utilizando uma escala de classificação do tipo liket de 4 pontos: Grande Fator =4, Fator =3, Menos Fator=2, Nem Um Fator =1. O resultado foi uma média de 2,5 que serviu de regra de decisão. As variáveis que são iguais a 2,50 foram consideradas como maiores constrangimentos, enquanto as que são inferiores a 2,50 não foram consideradas como constrangimentos.

Os pesos das balanças foram somados e divididos pelo número de balanças: SA + A + D + SD/N

N = 4

4+ 3+2+1 = 10/4 = 2,5 nível de aceitação

3.9 Método de análise de dados

Os dados recolhidos foram analisados com recurso a estatísticas descritivas. As estatísticas descritivas incluem a média, as tabelas de frequência e a percentagem, etc., enquanto as hipóteses foram testadas utilizando estatísticas inferenciais, como a regressão linear simples e o teste t emparelhado. Para a hipótese, qualquer nível de probabilidade inferior a 0,05 é significativo e serve para rejeitar a hipótese nula, enquanto o nível de probabilidade superior ou igual a 0,05 não é significativo e serve de base para manter a hipótese nula. Os objectivos 1 e 2 foram alcançados utilizando contagens de frequência e percentagens, enquanto os objectivos 3, 4 e 5 foram alcançados utilizando a pontuação média e o desvio padrão.

A hipótese 1 foi analisada através da Regressão Linear Simples.

A hipótese 2 foi analisada utilizando o teste t emparelhado

O modelo da média ponderada é definido por: O peso da balança foi somado e dividido pelo número de balanças:

4+3+2+1=10; 10/4= 2.50. Onde;

X = classificação média

w_i = peso associado à sua resposta

x_i = frequência observada para a resposta

Modelo de Regressão Linear

O modelo de regressão linear é definido por

Y = (x_1, x_2, x_3, X4 ....,e)

Onde:

Y = Bem-estar das mulheres na recolha e comercialização da pervinca.

XI = Idade (anos)

X_2 = Anos de experiência: (anos)

X_3 = Estado civil: solteiro =1, casado =2, separado =3, divorciado =4 Viúvo =5

X4 = Dimensão do agregado familiar 1-2 =1, 3-5 =2, 6-8 =3

X_5 = Nível de ensino: Sem educação formal =1, primário =2, secundário =3, ensino superior =4

X_6 = Profissão: agricultura =1, comércio =2, função pública =3, trabalhos qualificados=4

X_7 = Rendimento mensal líquido: (N) e = margem de erro

CAPÍTULO 4: RESULTADOS E DISCUSSÃO

4.1 Caraterísticas sócio-económicas dos inquiridos na área de estudo

Com base na idade, 22,3% estavam na faixa etária dos 18-27 anos, 42,4% estavam na faixa etária dos 28-37 anos, 15,8% estavam na faixa etária dos 38-47 anos, 7,9% estavam na faixa etária dos 48-57 anos e 11,5% estavam na faixa etária dos 58 anos ou mais. A média de idades dos inquiridos é de 40 anos. Quanto ao estado civil, 44,2% eram solteiros, 38,4% eram casados, 6,5% separados, 2,9% divorciados e 8% dos inquiridos eram viúvos. Quanto à dimensão do agregado familiar, 34,4% têm uma dimensão de 1-3, 47,3% têm uma dimensão de 4-6, 12,2% têm uma dimensão de 7-9 e 6,1% têm uma dimensão de 10 e superior. A média da dimensão do agregado familiar dos inquiridos é de 5. Em termos de educação, 22,2% dos apanhadores de pervinca não tinham educação formal, 40,7% tinham apenas educação primária, 19,3% tinham educação secundária e 17,8% tinham educação terciária. Em termos de anos de experiência dos apanhadores de pervinca, 50% dos inquiridos tinham 1-5 anos de experiência, 28,9% dos inquiridos tinham 6-10 anos e 21,1% dos inquiridos tinham 11-15 anos. A média de anos de experiência na cooperativa dos inquiridos é de 9 anos. Por rendimento líquido mensal, 18,4% dos inquiridos obtêm um rendimento líquido mensal de N10.000 e inferior, 29,4% dos inquiridos obtêm um rendimento líquido mensal de N11.000-N30.000, 23,5% dos inquiridos obtêm um rendimento líquido mensal de N31.000-N50.000, 19,1% de N51.000-N70.000, 5,1% dos inquiridos obtêm um rendimento líquido mensal de N71.000-N100.000, enquanto 4,4% dos inquiridos obtêm um rendimento líquido mensal de N100.000 e superior. A média do rendimento líquido mensal dos inquiridos é de N60 500. Benson e Omelecha (2009) descobriram que o envolvimento das mulheres rurais num emprego rural varia significativamente, dependendo da situação e das circunstâncias que as rodeiam

Tabela 4.1: Caraterísticas sócio-económicas dos inquiridos na área de estudo

Variable	Category	Frequency	Percent (%)	Mean
Age (years)	18-27	31	22.3	
	28-37	59	42.4	
	38-47	22	15.8	40.0
	48-57	11	7.9	
	58 and above	16	11.5	
Marital Status	Single	61	44.2	
	Married	53	38.4	
	Separated	9	6.5	
	Divorce	4	2.9	
	Widowed	11	8.0	
House-hold size (Person)	1-3	45	34.4	
	4-6	62	47.3	5.0
	7-9	16	12.2	
	10 and above	8	6.1	
Educational Level	No formal Education	30	22.2	
	Primary Education	55	40.7	
	Secondary Education	26	19.3	
	Tertiary Education	24	17.8	
Years of Experience in the cooperative	1-5 years	64	50.0	
	6-10 years	37	28.9	9.0
	11-15 years	27	21.1	
Monthly net income (₦)	10,000 and below	25	18.4	60,500
	11,000-30,000	40	29.4	
	31,000-50,000	32	23.5	
	51,000-70,000	26	19.1	
	71,000-100,000	7	5.1	
	100,000 and above	6	4.4	
	Total	136	100.0	

4.2 Zonas de colheita e comercialização da pervinca

O quadro acima mostra as áreas de recolha e comercialização da pervinca. Revela que 86,6% vende a carne de pervinca removida aos consumidores, 85,0% das mulheres vende a pervinca com casca aos consumidores, 72,7% das mulheres compra aos colhedores para os retalhistas (aqueles que removem as cascas), 71,1% das mulheres apanha pervinca do mangue enquanto 61,9 vende as cascas de pervinca aos trabalhadores da construção civil. O estudo concordou com Simeão (2014), que constatou que as variáveis demográficas das mulheres são factores-chave que as levam a ocupações servis com a intenção de sobreviver como os outros.

Quadro 4.2: Zonas de recolha e de comercialização da pervinca

S/N	Areas of periwinkle gathering and marketing	Frequency (n=150)	Percentage	Ranking
1	Picking periwinkle from mangrove	101	71.1%	4th
2	Buying from harvesters to retailers (those who removes from shell)	102	71.3%	3rd
3	Selling the removed periwinkle meat to consumers	123	86.6%	1st
4	Selling the periwinkle with shells to consumers	119	85.0%	2nd
5	Selling the periwinkle shells to builders	86	61.9%	5th

Source: Field Survey (2023) **Multiple Response**

4.3 Efeito socioeconómico da colheita e comercialização da pervinca nas mulheres

O quadro acima mostra o efeito socioeconómico da recolha e comercialização da pervinca nas mulheres. A tabela revela que os inquiridos do estudo aceitaram a pervinca como a sua fonte de rendimento/fonte de subsistência (87,6%), o fornecimento de carne (83,4%), a compra de outras necessidades domésticas (82,8%), a oportunidade de se encontrarem com outras mulheres (73,8%), a recreação para os amigos se encontrarem (64.1%), satisfação derivada do negócio da pervinca (61,4%), material para a construção de casas (59,3%), meio de recreação (58,6%), meio de exercitar o corpo (52,4%) e ajuda a aliviar dores e memórias (42,1%) são os efeitos socioeconómicos da recolha e comercialização da pervinca nas mulheres. O estudo concorda com as conclusões de Matthew e Ngei (2016) de que a venda da casca da pervinca tem sido uma fonte de rendimento muito fiável para as mulheres com baixos rendimentos, embora a venda da pervinca tenha proporcionado emprego às mulheres, especialmente entre a população sem instrução.

Quadro 4.3: Efeito sócio-económico da colheita e comercialização da pervinca nas mulheres

S/N	Socioeconomic effects	Frequency (n=150)	Percentage	Ranking
1	Means of exercising my body	76	52.4%	9th
2	Provision of meat always	121	83.4%	2nd
3	Opportunity to meet with other women	107	73.8%	4th
4	Material for building houses	86	59.3%	7th
5	Purchase of other household needs	120	82.8%	3rd
6	Source of income/ Source of Livelihood	127	87.6%	1st
7	Recreational for friends to meet	93	64.1%	5th
8	Derived satisfaction from the periwinkle business	89	61.4%	6th
9	Helps relief pains and memories	61	42.1%	10th
10	Means of recreation	85	58.6%	8th

Source: Field Survey (2023) **Multiple Response**

4.4 Efeito da colheita e comercialização da pervinca no bem-estar das mulheres

O quadro seguinte mostra o número de inquiridos antes e depois dos efeitos da recolha de pervinca no bem-estar das mulheres. Antes do efeito da recolha da pervinca, mostra que as mulheres pagavam as despesas médicas (51,0%), cumpriam as obrigações da época festiva (51,7%), eram usadas como penhor de terras agrícolas (60,0%), para fins religiosos (54,5%) e cumpriam as obrigações culturais (51,7%).7%) depois de se envolverem com a pervinca, as mulheres são capazes de gerar emprego (70,3%), fornecer carne (62,8%), fonte de rendimento (63,4%), comprar outras necessidades domésticas (58,6%), construir casa (62,1%), pagar propinas escolares (57,9%), ajudar familiares e amigos a satisfazer as suas necessidades (62,8%) e empreendedorismo (64,8%) após a comercialização. O estudo concordou com Oyeni e Badmus (2019) que descobriram que o efeito da recolha de pervinca em pessoas com baixos rendimentos, especialmente na zona rural, não pode ser demasiado enfatizado, uma vez que a comercialização de pervinca cresceu e se tornou uma fonte de rendimento dependente, fonte de carne. Também serve como fonte de pagamento de facturas para as mulheres.

Tabela 4.4: Efeito da recolha e comercialização da pervinca no bem-estar das mulheres

S/N	Effect on Wellbeing	Before (%)	After (%)	Sig.	Remark
1	Generate employment	43 (29.7)	102 (70.3)	0.004	Significant
2	Provision of meat	54 (37.2)	91 (62.8)	0.032	Significant
3	Source of Income	53 (36.6)	92 (63.4)	0.021	Significant
4	Payment of medical bills	74 (51.0)	71 (49.0)	0.769	Not-Significant
5	Purchase of other household needs	60 (41.4)	85 (58.6)	0.037	Significant
6	Building house	55 (37.9)	90 (62.1)	0.043	Significant
7	Payment of school fees	60 (41.4)	84 (57.9)	0.030	Significant
8	Help family members and friends meet their needs	54 (37.2)	91 (62.8)	0.039	Significant
9	Meeting festive season obligations	75 (51.7)	70 (48.3)	0.597	Not-Significant
10	Used as pledge for farmland	87 (60.0)	58 (40.0)	0.456	Not-Significant
11	For religious purposes	79 (54.5)	66 (45.5)	0.331	Not-Significant
12	Meeting cultural obligations	75 (51.7)	70 (48.3)	0.225	Not-Significant
13	Entrepreneurship	51 (35.2)	94 (64.8)	0.03	Significant

Source: Field Survey (2023) **Multiple Response**

4.5 Constrangimentos encontrados pelas mulheres na recolha e comercialização da pervinca

A tabela mostra os constrangimentos encontrados pelas mulheres na recolha e comercialização da pervinca. A tabela revela que a falta de acesso a financiamento (Média=3,41, DP=0,83), fraca rentabilidade do negócio (Média=3,00, DP=0,93), infra-estruturas inadequadas (Média=3,25, DP=0,75), fracas infra-estruturas de mercado (Média=3,29, DP=0,79), elevado risco no negócio (Média=3,24, DP=0,75), flutuação de preços (Média=3,43, DP=0,74), elevado custo dos factores de produção (Média=3.17, SD=0.81), mão de obra qualificada inadequada (Média=3.14, SD=0.82), roubo/insegurança (Média=3.30, SD=0.78), pirataria marítima (Média=3.34, SD=0.81) e sazonalidade da apanha da pervinca (Média=3.33, SD=0.73) são os constrangimentos encontrados pelas mulheres na apanha e comercialização da pervinca (Média=3.26, SD=0.79). Onyekachi (2010) descreve os vários desafios com que se confronta a apanha da pervinca. Segundo ele, esses factores podem incluir o custo elevado de um retorno fraco do negócio, a falta de mão de obra qualificada, a aplicação do método manual na transformação da carne, bem como uma aplicação tecnológica deficiente no processo.

Quadro 4.5: Constrangimentos encontrados pelas mulheres na recolha e comercialização da pervinca

S/N	Constraints	Mean	SD	Remark
1	Lack of access to finance	3.41	0.83	Agreed
2	Poor return on business	3.00	0.93	Agreed
3	Inadequate infrastructure	3.25	0.75	Agreed
4	Poor market infrastructure	3.29	0.79	Agreed
5	High risk in business	3.24	0.75	Agreed
6	Price fluctuation	3.43	0.74	Agreed
7	High cost of input	3.17	0.81	Agreed
8	Inadequate skilled labour	3.14	0.82	Agreed
9	Theft/ Insecurity	3.30	0.78	Agreed
10	Sea Pirating	3.34	0.81	Agreed
11	Seasonality of periwinkle gathering	3.33	0.73	Agreed
	Grand Total	**3.26**	**0.79**	**Agreed**

Source: Field Survey (2023) **≥2.50 = A constraint <2.50 = Not a constraint**

4.2 Teste de hipóteses

H0₁: Não existe uma relação significativa entre as caraterísticas socioeconómicas das mulheres e o seu envolvimento na recolha e comercialização da pervinca na área de estudo.

O resultado do Quadro 4.6 destaca o coeficiente da relação entre as caraterísticas socioeconómicas das mulheres inquiridas e o seu envolvimento na recolha e comercialização de pervinca na área de estudo. O quadro mostra que o coeficiente da relação entre as caraterísticas socioeconómicas das mulheres e o seu envolvimento na colheita e comercialização da pervinca na zona de estudo é de 0,374. O valor do R-quadrado (R^2) é de 0,140, o que implica que as caraterísticas socioeconómicas das inquiridas são responsáveis por cerca de 14,0% da variabilidade do envolvimento das mulheres na colheita e comercialização da pervinca na área de estudo, o que significa que os restantes 86,0% do envolvimento das mulheres na colheita e comercialização da pervinca são explicados por outras variáveis não incluídas no modelo. O valor F de 3,749, como mostra o Quadro 4.7, é inferior ao nível de significância estabelecido de 0,05. Por conseguinte, a hipótese nula foi rejeitada. Ou seja, não existe uma relação significativa entre as caraterísticas socioeconómicas das mulheres e o seu envolvimento na recolha e comercialização da pervinca na área de estudo (F-Significance = 0,002). Isto indica que as caraterísticas socioeconómicas das mulheres e o seu envolvimento na recolha e comercialização da pervinca na área de estudo são significativas.

No entanto, a idade das mulheres (0,004) e o rendimento mensal (0,002) estão estatisticamente relacionados de forma significativa com o seu envolvimento na recolha e comercialização de pervinca na área de estudo, enquanto o estado civil (0,0,743), a dimensão da família (0,362), o nível de escolaridade (0,061) e os anos de experiência na recolha e comercialização de pervinca (0,518) não estão significativamente relacionados.

Quadro 4.6: Resumo da análise de regressão sobre a relação entre as caraterísticas socioeconómicas das mulheres e o seu envolvimento na recolha e comercialização da pervinca na área de estudo

Coefficients[a]

	Model	Unstandardized Coefficients		Standardized Coefficients	T	Sig.	95.0% Confidence Interval for B	
		B	Std. Error	Beta			Lower Bound	Upper Bound
1	(Constant)	19.080	1.133		16.836	.000	16.839	21.320
	Age	1.097	.374	.380	2.932	.004	.357	1.836
	Marital status	-.110	.336	-.035	-.328	.743	-.775	.554
	Household Size	-.373	.408	-.088	-.915	.362	-1.179	.433
	Educational level	.555	.294	.155	1.889	.061	-.026	1.135
	Year of Experience in PGM	.325	.502	.072	.649	.518	-.666	1.317
	Monthly income	-.815	.256	-.298	-3.183	.002	-1.321	-.308

R=.374, R-Square (R^2) 0.140

F-Value (3.749)

$H0_2$: Não há diferença significativa entre o bem-estar das mulheres antes e depois do seu envolvimento na recolha e comercialização da pervinca na área de estudo.

O quadro acima mostra a diferença entre o bem-estar das mulheres antes e depois do seu envolvimento na recolha e comercialização de pervinca na área de estudo. A tabela mostra que existe uma diferença significativa entre o bem-estar das mulheres antes e depois do seu envolvimento na recolha e comercialização de pervinca na área de estudo (teste t = 5,475, p<0,000), uma vez que a diferença média entre o bem-estar das mulheres depois é mais elevada (Média= 10,75, DP=2,12) do que a média de antes

(Média=9,68, DP=1,91). A diferença no bem-estar das mulheres antes e depois do seu envolvimento na recolha e comercialização da pervinca na zona de estudo é de 1,076. Do mesmo modo, a correlação emparelhada mostrou que o coeficiente de correlação é de 0,313, indicando uma relação fraca, embora o valor sig. indique uma diferença significativa no bem-estar das mulheres antes e depois.

Tabela 4.7: Resumo do teste T de amostras emparelhadas sobre a diferença entre o bem-estar das mulheres antes e depois do seu envolvimento na recolha e comercialização da pervinca na área de estudo

difference between the wellbeing of women	N	Mean	SD	Mean Difference	Correlation	df	t-test	Sig
Before	145	9.68	1.91	1.076	.313	144	-5.475	0.000
After	145	10.75	2.12					

CAPÍTULO 5 : CONCLUSÃO E RECOMENDAÇÕES

5.1 Resumo

O estudo verificou o efeito percebido da recolha e comercialização da pervinca no bem-estar das mulheres na área do Governo Local de Ogbia, Estado de Bayelsa. O estudo revelou que a pervinca se encontra principalmente em costas rochosas na zona intertidal superior e média e que, por vezes, vive em pequenas poças de maré, podendo também ser encontrada em habitats lamacentos, como estuários, e pode atingir profundidades de 55 m (180 pés). Quando exposta ao frio ou ao calor extremos durante a escalada, a pervinca recolhe-se na sua concha e começa a rolar, o que pode permitir-lhe cair na água, onde as mulheres as recolhem para comercialização.

O estudo também revelou que a recolha de pervinca na área de estudo permite o desenvolvimento social, económico e pessoal e o bem-estar fundamental das mulheres. Descobriu-se que as mulheres em Ogbia L.G.A. do estado de Bayelsa desempenham um papel vital na produção alimentar e tornaram-se mais relevantes como forma de reduzir a pobreza e aumentar a segurança alimentar, o que, por sua vez, melhorou o seu bem-estar. O estudo revelou igualmente que as mulheres envolvidas na apanha da pervinca são as que são relativamente pobres ou têm pouca ou nenhuma fonte de rendimento e são de meia-idade e que tanto as casadas como as solteiras estão envolvidas na apanha da pervinca como meio de subsistência.

5.2 Conclusão

O estudo examinou o efeito da recolha e comercialização de pervinca no bem-estar das mulheres na área da administração local de Ogbia, Estado de Bayelsa. O estudo concluiu que a recolha e comercialização de pervinca tem um efeito positivo no bem-estar das mulheres. Embora a recolha e a comercialização da pervinca tenham diferentes áreas de especialização por parte das mulheres, algumas especializam-se numa ou mais dessas áreas, tais como a venda da carne de pervinca retirada aos consumidores, a venda da pervinca com casca aos consumidores, a compra aos colhedores e aos retalhistas (aqueles que retiram as cascas), a apanha da pervinca no mangal e a venda das cascas de pervinca aos construtores.

5.3 Recomendações

Com base nos resultados do estudo, o estudo recomenda, entre outras coisas, que

1. As mulheres que têm um estatuto socioeconómico baixo, como a educação, o rendimento, etc., esperam que o governo apoie as mulheres que colhem pervinca para aumentar o seu rendimento, uma vez que são relativamente pobres ou têm pouca ou nenhuma fonte de rendimento.
2. As mulheres que não têm emprego devem identificar uma das áreas de colheita e comercialização de pervinca para amortecer o efeito do desemprego, a fim de satisfazer as necessidades económicas.
3. O governo deve também tornar as áreas onde as pervincas são colhidas facilmente acessíveis e construir locais de mercado onde possam ser facilmente comercializadas.
4. O governo deve analisar os desafios enfrentados pelas mulheres na recolha e comercialização de pervinca na área de estudo.

5.4 Contribuição para o conhecimento

O estudo contribuiu para o conhecimento em:

1. As mulheres que participam na recolha da pervinca são as que são relativamente

pobres ou que têm poucas ou nenhumas fontes de rendimento. As pessoas sem instrução também são reconhecidas como as que participam na apanha da pervinca, uma vez que é o único meio de sobreviver, pois é impossível ter empregos circulares. Além disso, as pessoas de meia-idade são consideradas como as que participam na apanha da pervinca.

2. A colheita e a comercialização da pervinca afectaram o bem-estar geral das mulheres, independentemente da sua área de especialização.
3. O estudo revelou também que a pervinca pode ser uma fonte de rendimento e de pagamento de contas pessoais e domésticas, especialmente para as pessoas com baixos rendimentos.

REFERÊNCIAS

AbiolA, M, Joseph, O, Oluwaseun, A., Dauda, O, Kunle, E., Kehinde, O. (2018). *Propriedades geotécnicas do solo laterítico estabilizado com pó de cascas de pervinca* como granito, 1 (1): 223229.

Adebayo-Tayo, B. C., Onilude, A. A., Ogunjobi, A. A. & Adejoye, D. O., (2016). Análise bacteriológica e aproximada de pervincas de dois riachos diferentes na Nigéria. *Revista Mundial de Ciências Aplicadas, 1(2): 87-91.*

Adewuyi A. P. & Ola, B. F. (2015). Aplicação de lamas de estações de tratamento de água como substituto parcial do cimento na produção de betão. *Revista Ciência em Foco. 10(1): 123-130.*

Adewuyi, A. P. & Adegoke, T. (2018). Estudo exploratório de cascas de pervinca como agregados grosseiros em obras de concreto, *ARPN Journal of Engineering and Applied Science, 3 (6): 1-5.*

Adeyeye, E.I., (2016). Rendimento de Resíduos, Composição Proximal e Mineral de Três Tipos Diferentes de Caracóis Terrestres Encontrados na Nigéria. *Jornal Internacional de Ciência Alimentar e Nutrição 47(2):111-116.*

Agbede, I.& Manasseh, J (2019). Adequação da casca de pervinca como substituto parcial do cascalho de rio em concreto, *Leonardo Electronic Journal of Practices and Technologies.;15:59-66.*

Akinrotimi, O. A (2012). Questões que limitam a expansão da aquicultura de água salobra nas áreas costeiras do Delta do Níger. Kolo, R. J. e Orire, A. M. (eds) *Actas, 26ª Conferência Anual da FISON,* FUT, Minna. 28 de novembro a 2 de dezembro, 169-178.

Albert, C.O. &Ekine, D.I. (2012). Análise do negócio da planta *Rhizophora racemosa* (L) entre os moradores do sul da Nigéria. *Jornal de Finanças e Contabilidade,* 2(10): 72-77

Badmus, M., Audu, T., & Anyata, B. (2017). Remoção de iões de chumbo de águas residuais industriais por carvão ativado preparado a partir de casca de pervinca (typanotonusfuscatus). *Jornal Turco de Engenharia e Ciência Ambiental, 2(9): 223-412.*

Benson, M. O. & Omelecha, P.P. (2019). *Caracóis de água doce de África e a sua importância médica. Nexcusia Press*

Bob-Manuel, F. G. (2012). Uma preliminar de *Tympanotonusfuscatus* e *Parchymelaniaaurita* (Muller) no riacho do mangue de Rumuolumeni, Delta do Níger, Nigéria. *Agricultura da América do Norte, 2(6): 265-70.*

Cariton, J. T, & Cohen A. N (2012). Progresso da pervinca: o caracol do Atlântico Littorina saxatilis (Mollusca: gastropoda) estabelece uma colónia nas costas do Pacífico. *Veriger; 41: 333-38.*

Carr, E.R. (2013). Meios de subsistência como governo íntimo: Reframing the Logic of Livelihoods for Development [Reformulando a lógica dos meios de subsistência para o desenvolvimento]. *Third World Quarterly, 34 (1): 77-108.*

Chambers, R & Conway, G.R. (2019). Meios de subsistência sustentáveis: Conceitos práticos para o século XXI. *Documento de discussão do IDS, Vol. 296.*

Chambers, R.& Conway, G. (2012). Sustainable Livelihoods: Practical Concepts for the 21st Century, *Institute of development studies discussion papers, 296.* Cambridge.

Dahunsi, B. I (2012). "Propriedades do betão de pervinca-granito", *Jornal de Engenharia Civil, JKUAT, 8(1), 27-35,*

Dahunsi, B. I. O. (2013). Propriedades dos betões de pervinca-granito, *Journal of Civil Engineering, 8, 27-35.*

De Haan, L., & Zoomers, A. (2015). Explorando a fronteira da investigação sobre os meios de subsistência. *Desenvolvimento e Mudança, 36(1), 27-47.*

De Haan, L.J. (2012). A abordagem dos meios de subsistência: Uma Exploração Crítica. *Erdkunde, 66 (4): 345357.*

Deekae, S. N (2018). A distribuição ecológica de moluscos de mangue no sistema do rio Bonny-New Calabar do Delta do Níger. *Tese de Mestrado, Universidade de Port Harcourt, Choba; 158.*

DFID (1999-2001). Sustainable Livelihoods Guidance Sheets (Folhas de Orientação sobre Meios de Subsistência Sustentáveis). Departamento para o Desenvolvimento Internacional. Obtido em 4 de novembro de 2009, de http://www.eldis.org/go/topics/dossiers/livelihoods-connect/what-are-livelihoodsapproaches/training-and-learning-materials

Egonmwan R, & Odiete, WO (2013). As mudanças gonadais sazonais, a desova e o desenvolvimento inicial de Tympanotonusfuscatus var radula l. (Prosobranchia, potamididae). J. moll. Stud. Suppt.; 12A: 43-6

Ekop, I. E; Adenuga, O. A. & Umoh, A. A, (2013). Caraterísticas de resistência do betão de granito - casca de pachimalaniaaurita, *Revista Nigeriana de Agricultura, Alimentação e Meio Ambiente, 9 (2): 9-14.*

Elenwa, C.O., & Allen, J.E. (2019). actividades pós-colheita da ostra *(Crassostreagasia)* no reino kalabari do Estado de Rivers, Nigéria. *Jornal de Investigação em Economia Doméstica*, 26(1), 3644

Falade F. (2019). O uso de cascas de palmiste como agregado grosso em concreto. *Jornal de Ciências da Habitação. 16(3): 213-219.*

Falade F. (2015). Uma investigação de cascas de pervinca como agregado grosso em concreto. *Construção e Meio Ambiente. 30(4): 573-5 77.*

Falade, F, Ikponmwosa, E. E. & Ojediran, N. I (2010). Behaviour of lightweight concrete containing periwinkle shells at elevated temperature, *Journal of Engineering Science and Technology, 5(4), 379-390.*

FAO, IFAD, ILO. (2010). Gender and Employment Policy Brief #3. o empreendedorismo das mulheres é um "bom negócio"!

FAO. (2010). Base de dados sobre género e direitos à terra.

FAO. 2011. Base de dados sobre género e direitos à terra, pp. 23-38.

FAO. 2011. Op. cit. 5,23.

FAO. 2011. O Estado da Alimentação e da Agricultura 2010-2011 (SOFA). 16-17. Roma.

Hart A, (2020). Mini-revisão das aplicações dos materiais derivados de cascas de resíduos. *Gestão e Investigação de Resíduos; 38 (5):514 - 527*

Hou Y, Shavandi A, Carne A, Bekhit A. A, Ng TB, Cheung R. F., Bekhit, A. E., (2016). Conchas marinhas: Oportunidades potenciais para a extração de materiais funcionais e promotores de saúde, *Critical Reviews in Environmental Science and Technology.46:1047-1116*

Ita, E. O., Ajayi, T. O., Ezenwa, B., Olaniawo, A. A., Udolisa, R. E. K. e Tagget, P. A, (2001). (Eds.) Performance of Palm Kernel Shells as a Partial replacement for Coarse Aggregate in Asphalt Concrete.,55-61.

Jamabo N. A., Chindah A. C. e Alfred-Ockiya J. F. (2019): Relação comprimento-peso de um ramo de mangue pros Tympanotonusfuscatus var fascatus (Linneaus 1758) do estuário de Bonny, Delta do Níger, Nigéria. *Revista Mundial de Ciências Agrárias, 5: 384-388.*

Jamabo, N. A. & Chinda, A., (2010). Aspectos da Ecologia de Tympanotonusfuscatusvar radula nos Pântanos de Mangue do Alto Rio Bonny, Delta do Níger, Nigéria. *Revista de Investigação Atual de Ciências Biológicas.2(1):42-47.*

Krantz, L. (2001). *The Sustainable Livelihood Approach to Poverty Reduction (A abordagem dos meios de subsistência sustentáveis para a redução da pobreza*): An Introduction. Agência Sueca de Cooperação para o Desenvolvimento Internacional.

Matthew, E. J. & Ngei, R. M. (2017). *Potenciais de pesca e cultura da ostra do mangue (Crassostrea gasar) na Nigéria. Res. J. Biol. Sci., 2(4): 392 - 394.*

Ndoke P. N. (2016). Desempenho das cascas de palmiste como substituição parcial do agregado grosso em betão asfáltico. *Leonardo Electronic Journal of Practices and Technologies. 5(6): 145-152.*

Nimityongskul P. & Daladar. T. (2019). Uso de cinzas de casca de coco, cinzas de sabugo de milho e cinzas de casca de amendoim como substituto do cimento. *Jornal de Ferrocimento. 25(1): 35-44.*

Nwabeze, G. O., Ifejika, P. I., Tafida, A. A. Ayanda, J. 0., Eric, A. P. & Behonwo, N. E. (2013). Género e pesca do Lago Kainji, Nigéria. *A Review Journal of Fisheries and Aquatic Science 811: 9-1*

Obetta, N. C., Ifejiaka, P.T & Nwabeze, G. O. (2017). Avaliação do conteúdo da pesca nas atividades agrícolas das mulheres em Kukuwa LGA do Estado de Bomo. *Actas, Conferência Anual da FISON, 29 de novembro de 2004 Ilorin, 148-152*

Ogamba, E., IzahS. & Omonibo, E., (2016). Bioacumulação de hidrocarbonetos, metais pesados e minerais em tympanotonusfuscatus da região costeira do Estado de Bayelsa, *NigériaJornal Internacional de Pesquisa em Hidrologia;1(1):1 - 7.*

Ogungbenle, H. N. & Omowole, B. M., (2012). Composição química, funcional e de aminoácidos da carne de pervinca (Tympanotonusfuscatusvar radula). *Revista Internacional de Revisão e Pesquisa em Ciências Farmacêuticas, 13 (2): 128-*

132.

Olorunoje,G. S. &. Olalusi,O. C (2013). Casca de pervinca, como alternativa ao agregado grosso em betão leve, *International Journal of Environmental Issues, 1 (1): 131-133.*

Olufayo, M. O. (2012). Os papéis de género das mulheres na aquacultura e na segurança alimentar na Nigéria. *IIFET, Actas da Tanzânia. 7.*

Olutoge, F.A, Okeyinka, O.M, Olaniyan O.S., (2012). Avaliação da adequação da cinza de casca de periwinkle (PSA) como substituto parcial do cimento Portland comum (OPC) em concreto, *Jornal Internacional de Pesquisa e Revisões em Ciências Aplicadas* .;10(3):428-434

Onyekachi, D. O. (2016). Economia da produção de peixe em Sagbama, Estado de Bayelsa, Nigéria. ARPN J. of Agric. And Biol. Sci., 3(5): 17-21.

Osarenmwinda, J. O, & Awaro, A. O, (2019). O uso potencial da casca de pervinca como agregado grosso para concreto, *Journal of Advanced Materials Research, 62-64: 39-43.*

Oyenekan, J. A., (2019). A Ecologia do género Parchymelania na Lagoa de Lagos, *ArchHydrobiol. 86 (4): 515-522.*

Oyeni, Y.S. & Badmus, N.M. (2010). *Estudo de mercado da pervinca, Tympanotonusfuscatus, no Estado de Rivers: tamanhos, preços, rotas comerciais e níveis de exploração.* Casa Lemech.

Powell, C., Hart, I. & Deekae, S, (2018). Pesquisa de mercado da pervinca Tympanotonusfuscatus no estado de Rivers. Tamanhos, preços, rotas comerciais e níveis de exploração. *Nos anais da 4ª conferência anual da sociedade de pesca da Nigéria (FISON).*

Robert B, Frank A, Scott B.& Edward C., (2020). Revisão da produção e consumo global de aquicultura de ostras. *Marine policy. 117 (1): 103952*

Robeyns, I. (2013). The Capability Approach: An Interdisciplinary Introduction. Departamento de Ciência Política e Escola de Investigação em Ciências Sociais de Amesterdão, Universidade de Amesterdão.

Sawai J. (2011). Caraterísticas antimicrobianas do pó de concha de vieira aquecida e sua aplicação. Ciência do Biocontrolo: 16 (3): 95-102

Scoones, I. (2019). Perspectivas de meios de subsistência e desenvolvimento. *Jornal de Estudos Camponeses, 36(1), 171-196.*

Sen, A. (2019). The Standard of Living. Cambridge: Cambridge University Press.

Shetty, M. S. (2016.). Teoria e prática da tecnologia do betão, 17.ª ed., Ram Nagair, Nova Deli, S. Chand & Company Ltd. Ram Nagair, Nova Deli, S. Chand & Company Ltd. 624p.,

Simeão, K.H. (2014). Análise bacteriológica e proximal de pervinca de dois riachos diferentes na Nigéria. JINXERS Publishers.

Slim J.A. & Wakefield, R.W. (2021). A utilização de lamas de esgoto no fabrico de tijolos de argila. *Ciência e Tecnologia da Água. 17: 197-202*

Umoh, A. A. & Olusola, O. K (2012). Caraterísticas de resistência do betão de cimento misturado com cinzas de casca de pervinca. *Revista Internacional de Arquitetura, Engenharia e Construção, 1 (4): 213-220.*

Yao Z, Xia M, Li H, Chen T, Ye Y, & Zheng H., (2014) Concha de bivalves: não um resíduo inútil abundante, mas um biomaterial funcional e versátil, *Critical Reviews in Environmental Science and Technology.*;44 (22):2502-2530. DOI.org/10.1080/10643389.2013.829763

Yusuf, A.A. & Oseni O. N. (2014). Valor nutricional e propriedades funcionais do caracol de lago (Lymnaeastagnalis), *Actas da Conferência Internacional sobre Ciência e Desenvolvimento Nacional 25-28 de outubro.*

Printed by Books on Demand GmbH, Norderstedt / Germany